U0334278

基于贝叶斯分析的武器装备试验设计与评估

郁　浩　都业宏　宋广田　徐圣辉　等编著

国防工业出版社

·北京·

内容简介

本书系统介绍了武器装备试验的基本概念、试验设计评估与统计理论、贝叶斯理论方法等，重点介绍了常规武器装备成败型试验、射程和密集度试验、非正态条件下射弹散布试验的设计与评估方法及实践应用。

本书可为武器装备管理部门、试验单位、论证单位、研制单位的管理与技术人员提供参考，也可作为高等院校相关专业教学与培训用书。

图书在版编目（CIP）数据

基于贝叶斯分析的武器装备试验设计与评估／郁浩
等编著. —北京：国防工业出版社，2018.12
ISBN 978 – 7 – 118 – 11743 – 1

Ⅰ. ①基… Ⅱ. ①郁… Ⅲ. ①武器装备 – 武器试验 –
试验设计②武器装备 – 综合评价 Ⅳ. ①TJ06

中国版本图书馆 CIP 数据核字（2018）第 273061 号

※

国防工业出版社出版发行
（北京市海淀区紫竹院南路 23 号　邮政编码 100048）
天津嘉恒印务有限公司印刷
新华书店经售

*

开本 710×1000　1/16　印张 10¾　字数 189 千字
2018 年 12 月第 1 版第 1 次印刷　印数 1—2000 册　定价 79.00 元

（本书如有印装错误，我社负责调换）

国防书店：(010)88540777　　发行邮购：(010)88540776
发行传真：(010)88540755　　发行业务：(010)88540717

前　言

　　武器装备试验中的设计与评估是装备试验质量形成过程中的两个关键环节。试验设计的输出是试验实施的依据,是开展试验评估的前提。武器装备试验设计不单单是统计设计问题,还包含军事学问题。武器装备试验设计就是根据试验目的和要求,在满足评价风险、精度或置信水平要求等条件下,综合利用试验资源,运用统计推断方法,研究合理选取试验样本,控制试验中各种因素及其水平的变化,以尽可能少的试验次数来获取足够有效的试验信息从而进行试验方案优化的过程。试验评估是在试验设计的结果实施后,对所获取的试验数据进行处理、逻辑组合和综合分析,将结果与预期的性能、效能进行比较,判断被试装备是否满足规定要求或预期用途,为决策所关心的关键问题提供尽可能准确、可靠的结论。试验评估与试验设计是紧密相连的,因为评估方法本身直接依赖于所用的设计。与试验设计一样,试验评估也不是单纯的统计问题,一方面,试验的作战真实性不可能完全等同于实战条件,所以对武器装备实战效能的评估会受到背景条件的影响;另一方面,被试装备诸多参数之间常常有复杂的关系,被试装备与作战体系其他要素之间也存在着复杂的联系,这些都会使试验评估成为一个复杂的综合性问题。

　　武器装备试验设计与评估离不开统计推断。在统计推断中,可用的信息包括总体信息、样本信息和先验信息。基于总体信息和样本信息进行统计推断的理论和方法称为经典统计学。基于总体信息、样本信息和先验信息进行统计推断的理论和方法称为贝叶斯统计学。20世纪下半叶,经典统计学在工业、农业、医学、经济、管理、军事等领域得到广泛应用,与此同时它本身的缺陷也逐渐暴露出来。贝叶斯统计学凭借先验分布来表述先验知识,并加以量化引入贝叶斯定理的计算,最终解决了经典统计学中对先验信息回避的问题。贝叶斯统计学在假设检验时,不同于经典推理的反证方法,它依据贝叶斯定理计算后验概率,通过直接比较后验概率的大小来决定接受或拒绝假设,即接受后验概率大的假设,拒绝后验概率小的假设。贝叶斯统计学用后验分布代替了统计量和抽样分布的决定性作用,也就消除了费希尔检验理论中检验统计量的选择难题;其次,它避免了停止法则,经典统计学需要通过停止法则来确定可能结果空间,由于停止法则本身的主观任意性会影响实际的科学判断,进而使得经典方法的客观性遭到了质疑。

本书以贝叶斯分析方法为基础,针对不同的试验,论述武器装备试验设计与评估的具体方法,并结合实例进行分析。全书共分5章:

第1章介绍武器装备试验鉴定的相关内容。在论述武器装备试验概念基础上,从武器装备试验的基本作用、武器装备试验在装备建设中发挥作用的机制、试验的基本过程分析了武器装备试验的基本内涵;讨论武器装备试验设计与评估的特点、统计理论在武器装备试验设计与评估中的应用和现代武器装备试验统计学问题的新特点等武器装备试验设计评估面临的新特点。

第2章介绍武器装备试验的贝叶斯理论方法。从贝叶斯方法对随机抽样悖论的消除、贝叶斯估计的优越性、贝叶斯假设检验的合理性等方面,论述贝叶斯方法在武器装备试验设计与评估应用中的优势;介绍贝叶斯统计模型、先验分布、后验分布、贝叶斯统计推断原则、先验分布的贝叶斯解、先验分布的选取、贝叶斯参数估计和贝叶斯假设检验等贝叶斯分析的基本概念和方法。

第3章提出成败型试验的设计与评估方法。针对无信息条件下先验分布选择问题,提出基于先验分布稳健性分析的试验设计方法;针对如何合理利用先验信息问题,提出采用混合贝塔分布构建试验设计模型,克服了传统统计方法没有利用先验信息的弊端,以及由于试验条件和产品状态不一致造成的先验信息的误用;针对试验子样、试验消耗与试验的成本密切相关或者安全风险较高情况,采用序贯验后加权检验(SPOT)方法在尽可能小的子样下进行试验设计;针对连续生产多批次,产生大量先验信息情况,通过基于成组技术的控制图和过程能力指数对产品制造稳定性和过程能力检验,将先验信息的相容性检验转化为生产过程能力检验,建立基于生产过程信息的试验设计方法;在利用贝叶斯方法进行参数估计基础上,采用调和曲线图和聚类分析对试验结果的环境敏感性进行分析。

第4章提出射程和密集度试验的设计与评估方法。针对射程和密集度分组试验特点,提出分组序贯的试验方法,通过将前一组数据作为后一组的先验信息,采用过程决策的方法,在试验过程中实现试验的评估和决策;针对狙击武器的特点,在获取弹着点分布特性基础上,采用统计模拟方法获得三发散布圆直径的概率分布曲线;考虑命中目标不同部位的效果差异性,依据目标各区域的要害指数,确定对目标的最佳瞄准点,从而获得考虑目标特性的首发毁伤概率及三发毁伤概率。

第5章提出非正态条件下密集度试验的设计与评估方法。对于某些武器系统当弹着点不满足正态分布,采用正态分布、不相关或方差相等假设往往带来由模型偏差引起的系统误差,所得出的结论也不稳健,特别是当试验子样数不是很大时,这一问题尤为突出。依据武器装备密集度指标的物理意义,将武器装备精度的评定转化为中位数的评定;采用 Bootstrap 或 Bayes Bootstrap 方法获得再生样本,利用非参数核密度估计方法获取密度分布函数,然后对其密度分布函数进行统计分析。

　　本书结合作者长期从事武器装备试验鉴定工作实践,在参考国内外相关文献的基础上,以遇到的具体问题切入点,注重贝叶斯方法的实践应用;同时以贝叶斯方法为基础,将生产过程控制、分组技术、多元统计分析和非参数统计分析等相关理论有机融合于武器装备试验设计与评估方法中。作者希望,在试验鉴定新形势下,通过试验鉴定理论体系的发展,使试验鉴定在武器装备全寿命周期内更好地服务于武器装备研发过程、服务于武器装备列装后能力形成和使用过程中能力增长。

　　本书由郁浩设计框架、负责编写第 3 ~ 5 章和全书的统稿,宋广田负责编写第 1 章;都业宏、徐圣辉负责编写第 2 章,李晓辉参与编写第 4 章,都业宏负责完成了全书的编辑、计算程序的调试和插图绘制。由于编写者的理论水平和实践经验有限,难免存在瑕疵,敬请各位读者斧正,我们将不胜感激。本书引用了大量参考资料,特向原文的作者们表示崇高的敬意和衷心的感谢。

编 著 者

2018 年 5 月于吉林白城

目 录

第1章 武器装备试验概述

1.1 武器装备试验的基本概念

1.1.1 武器装备试验

武器装备试验贯穿于武器装备全寿命周期,是支持武器装备建设能够实现预期目的的主要实证手段,在武器装备论证、研制、生产和使用保障中具有重要作用。

武器装备是一个常见的军事术语,按照《中国人民解放军军语》(2011年版)的定义,武器装备是指用于作战和保障作战及其他军事行动的武器、武器系统、电子信息系统和技术设备、器材的统称,主要指武装力量编制内的舰艇、飞机、导弹、雷达、坦克、火炮、车辆和工程机械等,分为战斗装备、电子信息装备和保障装备。《中国人民解放军军语》规定,在我军武器装备与装备是同义的,后者是前者的简称。

在武器装备的定义中,涉及武器和武器系统两个相关的概念。武器也称兵器,是能直接用于杀伤敌有生力量,破坏敌装备、设施等的器械与装置的统称,如匕首、枪械、火炮、核生化武器、精确制导武器、定向能武器、动能武器等。武器系统是指由武器及其相关技术装备等组成,具有特定作战功能的有机整体。通常包括武器本身及其发射或投掷工具,以及探测、指挥、控制、通信、检测等分系统或设备。武器系统分为单件武器构成的单一武器系统和多种武器构成的组合武器系统。

《辞海》(第六版)将试验解释为"测试检验性能、效果";按照《现代汉语词典》的解释,试验是指为了解某物的性能或某事的结果而进行的尝试性活动。ISO9000《质量管理体系基础与术语》在2008版中将针对产品的试验定义为"按照程序确定一个或多个特性",而在2015版中将试验重新定义为"按照要求对特定的预期用途或应用的确定",这一变化反映出围绕产品的试验,最终落脚点应更加注重产品相对于用户的实际价值,即产品的预期用途或应用能否满足用户的实际使用要求。

武器装备试验是针对武器装备这一类特殊产品开展的试验活动,是武器装备研制过程的重要组成部分。按照《中国人民解放军军语》(2011年版)的定义,装备试验是指为满足装备科研、生产和使用需要,按照规定的程序和条件,对装备进行验证、检验和考核的活动,包括对装备的技术方案、关键技术、性能、使用效果等的试验。

结合国际标准关于试验定义的发展变化,武器装备试验可以理解为:在武器装备全寿命周期内,为确定武器装备能否满足预期的作战使命任务要求,而进行的一系列考核检验活动。不同研制阶段、不同性质的试验会有不同的试验目的,但所有试验的最终指向是唯一的,因此所有的试验活动应作为支持装备建设最终目的实现的一个整体系统地看待。

一般语境下我们所说的"装备试验",通常都包含有评价、评估、鉴定的含义。但也常会见到"装备试验鉴定"的说法,如美国国防部的国防采购文件中通常使用的术语是"试验与鉴定"(Test & Evaluation,T&E)。这里的试验特指获取数据的过程,鉴定是综合分析所获得的数据得出结论的过程。这里的试验与鉴定是密切联系、不可分割的两个过程,试验是鉴定的基础,鉴定是试验的继续和目的,通过二者的共同作用,对被试装备是否符合预期做出判断,以满足装备建设中的决策活动对试验信息的需求。

1.1.2 武器装备试验的分类

不同的主体、不同的视角、不同的需要,对武器装备试验会有不同的分类方法,如美军把武器装备试验分为研制试验与鉴定(Development Test & Evaluation,DT&E)、作战试验与鉴定(Operational Test & Evaluation,OT&E)两大类。研制试验与鉴定在整个采办过程中为工程设计和研制提供帮助,并验证技术性能规范是否得到满足;作战试验与鉴定在美国法典(U.S.C)第10篇中有如下定义:"武器、装备或弹药的任何项目(或关键部件)在真实作战条件下进行的野外试验,目的是确定这些武器、装备或弹药由典型的军事用户在作战中使用时的效能与适用性;并对试验结果进行鉴定。"作战试验与鉴定要保证新装备能够满足部队作战要求,能够满意地操作使用,并且能够在实际的野外条件下进行保障。

就我国来说,根据《常规武器装备研制程序》,当前将武器装备研制过程划分为论证、方案、工程研制、设计定型、生产定型、生产部署与使用保障等阶段,在不同的阶段开展的试验活动具有不同的目的和性质。长期以来,我国按照试验性质把装备试验鉴主要分为装备科研试验和装备定型(鉴定)试验两大类(《中国人民解放军装备研制条例》(2004))。装备科研试验是在装备研制过程中承研承制单位为验证装备设计方案的正确性,检验总体技术性能和工艺质量以及所选参数的合理性所进行的部件、分系统、系统试验,为检验阶段性研制目标的实现程度、能否转入下一个研制阶段提供依据。装备科研试验主要是在装备研制的方案阶段和工程研制阶段进行。

装备定型试验是装备研制进入定型阶段后开展的试验活动,包括设计定型试验和生产定型试验,分别为装备设计定型和生产定型提供依据。设计定型试验主要考核武器装备的战术技术指标和作战使用性能是否满足研制总要求规定的要求。设计定型试验一般包括基地试验和部队试验两部分,基地试验主要考核装备的战术技术性能,部队试验主要考核装备的作战使用性能和部队适用性。生产定型试验主要考核装备生产的质量稳定性以及成套、批量生产条件,为能否批量生产列装提供试验依据。

系统工程是实现复杂系统的基本逻辑思维方法,其理论和方法已经成为我国武器装备建设的重要支撑。验证(Verification)和确认(Validation)是系统工程的两个核心概念,这两个过程是系统工程过程的重要组成部分。验证是"通过提供客观证据对规定要求已得到满足的认定",是从开发者的角度来认定设计开发的装备和研制总要求、研制合同等用户规定要求的一致,即保证"装备研发做得正确";确认是"通过提供客观证据对特定的预期用途或应用要求已得到满足的认定",是从用户的角度认定装备能够有效满足预期用途,即保证"做的装备正确"。在装备建设的系统工程过程中,实装试验是适用于验证与确认的详细定量方法,是为验证和确认提供所需客观证据的最具权威性和说服力的基本手段,所以美军在《试验与鉴定指南》中有"试验与鉴定过程是系统工程过程的一个有机组成部分"的表述。按照系统工程的视角,试验可以分为验证试验和确认试验两大类。在美国国家航空航宇局发布的《NASA系统工程手册》中对验证试验和确认试验有如下的阐释:验证试验针对的是经批准的需求集,试验可以在产品寿命周期的不同阶段进行;确认试验针对的是运行使用构想文档,在各个目标产品的真实环境或模拟环境中进行,确定典型用户执行使命任务中产品的有效性和适用性。这个阐释完全适用于武器装备试验。美军的研制试验属于验证试验的范畴,作战试验则属于确认试验的范畴。系统工程层面的试验分类方法,有助于深入理解试验目的、作用、不同试验之间的关系以及试验与武器装备全寿命周期的关系等,有益于更好地思考装备试验以及试验发展问题。

1.1.3　武器装备试验的构成要素

武器装备试验,不论规模大小,不论是在室内或野外,不论是处于装备研制的哪个阶段,也不论试验的性质和目的,一般都由试验主体、试验对象、试验条件和试验活动四个要素构成。

试验主体,是组织、指导、实施和参与装备试验活动的个人或机构,是试验中最积极、最具能动性的因素,包括试验管理机关、试验指挥机构、试验设计人员、试验执行人员、试验保障人员等。

试验对象,是试验活动所作用的目标,一般是指在研装备或装备系统的总体,包括文档和装备实体/模型。文档包括各个阶段的装备定义文档和装备操作使用相关文档;装备实体/模型包括各个阶段的装备模型或样机,如仿真模型、原理样机、工程样机、定型样机、生产型样机等。试验通过装备样机/模型来评价或认定装备文档能否正确描述所期望的装备。装备系统的实际作战效能不仅仅取决于装备自身,还与装备的使用人员、使用方式(编配、战法、训法等)紧密相关,从系统的观点出发,由作战人员、装备、作战行动过程所组成的作战系统是实际作战中不可分割的整体,当试验要考察装备的作战能力(作战效能、作战适用性)时,以三者所构成的整体作为试验对象,才能真实反映武器装备完成作战任务的能力。

试验条件,是试验主体对试验对象施加作用时所用的工具、仪器设备等物质手段和试验展开的背景环境等,是获取试验对象相关试验信息的媒介和桥梁。试验条件对试验测试结果有重要影响,构建真实的试验背景环境、选择恰当的测试设备和手段,是保证试验信息可信且有效的基本要求。

试验活动,就是试验主体所开展的一系列操作活动,是试验者、试验对象和试验手段三者结合在一起相互作用的过程,包括任务管理、需求分析、设计开发、建模仿真、观察测量和结果分析等活动。

1.2　武器装备试验的基本内涵

1.2.1　武器装备试验的基本作用

现代武器装备技术含量不断提升,结构日趋复杂,寿命周期费用和风险加大,武器装备试验在武器装备建设中的地位与作用越来越重要。作为武器装备全寿命周期的有机组成部分,装备试验是武器装备研发过程中的关键质量保证活动,是装备质量保证的一个重要环节,服务于武器装备研发全过程;同时也服务于武器装备列装后能力形成和使用过程中能力增长。

早期的武器装备复杂程度低,武器装备试验基本上都是由研制人员来完成,或是通过一些测试活动来发现设计中的缺陷以改进设计,或是通过一定的演示验证来向采购者展示武器装备的质量水平。发现设计缺陷和验证装备质量是否满足要求是装备试验鉴定最初就具有的基本功能。随着武器的发展,以及装备研制过程的系统化、规范化,装备用户对装备试验产生了专业化和独立性要求。美国于1917年成立了第一个专业化的试验鉴定机构,世界主要国家随后陆续成立了专业化试验机构,我国也于1954年成立了第一个常规兵器试验机构。试验的专业化促进了试验作用更有效的发挥和试验能力的快速发展。

现代战争推动武器装备信息化、体系化发展,装备自身的技术构成更加复杂,影响其技术性能与作战效能之间关系的制约因素也更加复杂,武器装备在体系对抗中实战能力和体系贡献率成为武器装备建设关注的焦点。这大大增加了装备研发的复杂程度,研发投入多、难度高、风险大、周期长,如果在研制的后期发现问题,得出否定性的试验结论,就可能导致人力、物力、财力、时间等诸多方面的浪费,甚至可能是巨大的浪费。因此可以说,作为一种风险管理工具,武器装备越复杂,装备试验的地位作用越重要。

现代武器装备建设发展要求装备试验更加深入地融入装备全寿命周期。装备从立项论证、技术开发、产品设计,一直到量产列装,装备研发的全过程就是将作战需求不断转化为更为详细的装备技术要求的认识过程。每个阶段的认识成果都会直接作用到下一个阶段,每个阶段认识成果的正确性都需要经受试验的检验或验证。装备试验不仅要在研制的后期发挥把关作用,还要促成论证、研制的全过程更好地贴近实战要求,及早识别和消除偏离实战要求的风险;还要在装备部署后为深化装备认识提供试验信息支持,促进装备实现能力增长。总之,作为检验认识正确性的一个实践手段,武器装备试验在技术向装备、装备向战斗力转化的全过程中都要助力装备建设保持正确方向,促进装备发展更加科学高效。

武器装备试验更加关注武器装备支持遂行作战任务的能力。发展武器装备的根本目的是为遂行作战任务提供可靠的物质技术支持。现代战争条件下,武器装备技术性能能否有效发挥受到复杂的体系环境、复杂的对抗条件等诸多方面的影响和制约,武器装备试验仅仅关注装备自身的内在属性是否满足规定要求是远远不够的,必须以系统或体系的视角把武器装备对作战行动的支持程度作为考核的重点,考核其胜任和完成好预期作战任务的能力。无论是何种性质的试验,都要在试验鉴定中把作战需求一以贯之,在贴近实战条件下考核装备,确定装备能否经得起实战检验。不仅作战试验如此,性能试验同样要充分考虑作战真实性问题。

需要说明的是,武器装备试验的作用是有限的,更大的意义在于证明装备缺陷的存在,而难以证明不存在缺陷。这是因为一方面受成本、周期、技术手段等因素的限制,武器装备试验只能是针对装备设计开发文档进行的有限试验,根据少量样本在典型任务场景下的表现,推断装备设计开发文档所代表的总体的质量水平,不可能穷尽所有可能;另一方面是武器装备大多用于未来作战,而对不断变化的未来作战需求的认识是有限的,所以装备试验的目的是把装备的缺陷在设计开发层面上控制在一定时期内可接受的程度内。试验结果反映的是所选取的被试装备样本的平均水平,其代表总体的程度在统计学上用置信度来描述其中的不确定性,试验固有的弃真或存伪两类错误风险只能控制、不可避免。在武器装备的实际运用中,凭借试验结果来判断某一特定装备的质量状况,或是以某一特定装备的质量状况来评价试验的优劣,都不符合试验活动的内在机理。

1.2.2 武器装备试验在装备建设中发挥作用的机制

要准确理解装备试验,应把装备试验作为装备研制的有机组成部分,纳入装备研制的全过程来系统考察和分析。传统的观念和做法比较重视装备试验的把关作用,但是把关作用只能防止把不满足要求的装备交付部队,并不能推动和促进在研装备更好、更快地形成期望的作战能力。新型装备从概念到实现,难免会受到不确定因素的影响而给装备研制带来风险,装备越复杂,研制难度越大,潜在的失败风险越高,越是需要一个有效的风险管理工具对研制全过程的决策活动给予最好的信息支持。

从装备试验鉴定的概念可以看出,装备试验是一个获取信息、处理信息、利用信息以支持装备决策的过程,是降低研制风险、确保装备研制向着预期结果推进的最基本、最重要的手段和工具。

如果确定用装备解决方案来弥补部队作战能力与作战任务要求之间的差距,则需要研制新型装备或改进现有装备。装备论证部门经过论证将部队的能力需求转化为可作为研制依据的装备研制要求,研制单位通过设计活动将研制要求转化为更为详细的产品要求,按照每个研制阶段的预期目标,分阶段逐步形成不同详细程度的产品规范要求。设计的结果是否满足规定要求,这要通过试验活动才能进行定量的验证。如果试验结果表明规定要求没有得到满足,则要调整和改进设计,使之达到规定要求,通过验证试验推动了设计输出与规定要求之间的循环迭代。当设计的结果满足规定要求后,就要进一步确认满足规定要求的设计规范要求是否能够满足预期的使用要求,亦即能否支撑列装部队形成期望的作战能力。如果试验结果表明装备的作战效能和作战适用性不能支持列装部队完成预定的作战任务,则有可能要调整和改进设计,这就产生了在设计输出与预期用途之间的循环迭代;当然还存在另外一种可能,就是规定的研制要求没有真实、准确、全面反映作战需求,这就需要调整、完善、细化研制要求,这就在装备论证与预期用途之间产生了循环迭代。事实上,论证所得的研制要求是认

6

识的产物,是否正确反映了作战需求同样需要试验的检验。

验证试验与确认试验是保证装备设计开发活动能够实现预期结果必不可少的重要环节,是贯穿装备全寿命周期、对装备(包括阶段性成果)质量持续进行评估的过程,目的是尽快、尽早发现装备存在的各种缺陷和问题,尽可能地消除装备建设中所存在的质量风险。验证试验是检验装备与研制要求的一致性,但研制要求是认识的产物,本身就可能存在问题或错误,所以即使装备中某个功能实现的结果和研制要求完全一致,依然可能存在严重的使用缺陷。因为研制要求有可能对部队的某个需求没能准确理解或准确表达,所以仅仅进行验证试验是不充分的,还需要进行确认试验。确认试验就是检验装备功能的有效性,即是否满足部队的真正需求。例如,美军步兵旅级战斗队使用的 EIBCT 系统(一系列传感器的集合),尽管传感器合乎"关键性能参数"的技术规格要求,但在作战试验结束后陆军认为传感器"不可用且毫无必要"而取消了项目中毫无必要的部分。再如,在美军"弗吉尼亚"级潜艇现代化改造项目中,海军认为目标定位精度与鱼雷命中性能相关联,但是作战试验表明,有多次鱼雷发射时并不满足定位要求,但实际上却命中了目标,故作战试验鉴定局评估认为该系统虽然没有满足性能要求但能有效发射鱼雷并命中目标,符合鱼雷部署战术标准。

由验证试验和确认试验所构成的整体共同驱动了装备建设的循环迭代过程,缺一不可。只进行验证试验,回归不到装备发展的源头;只进行确认试验,则找不到迭代的落脚点。缺少任何一种试验都是不完整的,会影响装备建设过程和装备建设效果。我国过去进行的装备科研试验和定型试验在试验性质和试验内容上主要属于验证试验的范畴,缺少对装备能否遂行预期作战任务进行系统性的试验确认。使得装备的整个研发过程都是围绕研制总要求来循环迭代,武器装备的作战问题(有效性和适用性)只有列装后才能实际暴露出来,对部队战斗力建设产生了不利影响。加快作战试验的探索与实践,尽快补齐试验鉴定工作中确认试验的短板,试验鉴定工作才能在武器装备建设中更全面地发挥把关、牵引和促进作用,更好地服务于部队战斗力的快速生成。

1.2.3 试验的基本过程

必须遵循严谨、合理的逻辑过程,武器装备试验才能在装备全寿命周期内更充分、更有效地发挥作用。以测试活动为例,要开展一项测试活动,先要确定测试方案;而确定测试方案的前提是要先明确测试要求;而测试要求则由测试的服务对象使用测试结果的预期用途所决定。即测试活动的逻辑顺序是:首先理解服务对象对测试信息的需求,由此确定测试技术要求;其次根据测试要求设计测试方案;再次按照方案实施测试活动。从控制论的角度,在测试活动全部完成后,还要跟踪了解所提供的测试信息是否满足了预期用途,以确定上述测试活动是否适宜、有效。

武器装备试验在本质上可以看作是对武器装备质量状态的"测试"活动,其基本过程与上述过程在逻辑上是一致的,应按照试验需求分析、试验设计开发、试验实施、试验评价改进四个过程形成一个逻辑严谨的闭环过程链。试验需求分析是指在全面、准确理解被试装备使命任务要求(包括任务的内容、执行任务需要采取的军事行动,以及军事行动的背景条件及环境要求等)的基础上,以装备使用者的视角确定装备建设中的决策活动对试验信息的需求,并将其转化为试验应获取的具体参数、参数应达到的标准、参数产生的背景条件等试验要求。无论何种性质的试验,能否把作战真实性全面准确地体现到具体试验活动中,摸清装备性能底数,提供可信、有效的试验信息以支持做出正确决策,准确理解把握装备发展各阶段的试验需求是至关重要的。

试验设计开发是指根据试验目的,对相关内容进行统筹考虑和预先设计,把试验要求转化为可以实施的试验方案并确定相关的试验特性参数的过程,主要包括试验任务场景设计、试验剖面设计、试验变量及其水平选取、试验样本量选取、数据处理方法、试验保障以及试验资源要求等方面的内容。试验设计决定着试验的先天质量,是试验成本与试验效益二者之间权衡折中的结果,设计合理、科学、周密,则可节省人力、物力和财力,在预期的试验周期内获得充分且有效的试验数据、信息;反之,如果设计不合理,则有可能费时费力,难以达成预期目的,有的甚至会得出错误的试验结论。

试验实施是指按照规定的程序和要求,借助必要的试验资源,在规定的试验条件下操作和运行被试装备或系统,通过观察或测试获取期望的试验数据和信息,并在处理分析试验信息的基础上对武器装备予以评价。试验数据全部产生于现场试验过程之中,现场实施的规范性、准确性直接决定着试验数据能否符合试验设计的要求,因此在试验实施中要特别关注现场实施的组织指挥是否严密、协调是否及时、试验条件控制是否标准、装备操作是否规范、试验问题处理是否科学正确。

试验评价改进包括两个方面的内容:一是试验结束之后对试验过程的规范性、试验数据的充分性、可信性、有效性等进行独立的评价,以确保试验需求得到真正的满足;二是跟踪部署列装后的武器装备对作战需求的实际满足程度,通过实装运用中暴露出的真实问题分析试验同装备用户期望和要求之间的差距,从而寻求改进前述过程的机会,使后续的装备试验鉴定能够更好地贴近实战需求和不断跟进部队作战需求的变化。

1.3 武器装备试验的设计评估与统计理论

1.3.1 武器装备试验设计与评估的特点

武器装备试验中的设计与评估是装备试验质量形成过程中的两个关键环节。试验设计的输出是试验实施的依据,是开展试验评估的前提。《辞海》(第六版)对"试验设计"的释义是:"为了减少随机误差对试验数据的影响,减少试验次数,并对数据进行有效的分析,而对试验进行的总体设计。"这是从统计学的角度对试验设计的解释。武器装备试验设计不单单是统计设计问题,还包含军事学问题。武器装备试验所要测试的参数一般有两类:一类是描述装备物理特性的参数;另一类是描述装备功能特性的参数。前者通常是相对稳定的,而后者则会因威胁、使用环境、使用方式等的不同而发生较大的变化,甚至可能是截然不同的结果。只有在试验中充分考虑会对所要测试参数产生影响的实战化因素,才能通过试验来检验武器装备的实战化效果。武器装备试验设计首先是根据作战需求构设具有作战真实性的试验场景,其次才是运用统计理论建立合理、有效地获取试验数据的方法。武器装备试验设计就是根据试验目的和要求,在满足评价风险、精度或置信水平要求等条件下,综合利用试验资源,运用统计推断方法,研究合理选取试验样本,控制试验中各种因素及其水平的变化,以尽可能少的试验次数来获取足够有效的试验信息进行试验方案优化的过程。试验设计的关键问题是试验方案的优化,一个优化的试验方案既要满足对被试武器装备战术技术指标评价的要求,还要考虑试验的经济性、安全性和可操作性等因素。

试验评估是在试验设计的结果实施后,对所获取的试验数据进行处理、逻辑组合和综合分析,将结果与预期的性能、效能进行比较,判断被试装备是否满足规定要求或预期用途,为决策所关心的关键问题提供尽可能准确、可靠的结论。试验评估与试验设计是紧密相连的,因为评估方法本身直接依赖于所用的设计。与试验设计一样,试验评估也不是单纯的统计问题,一方面,试验的作战真实性不可能完全等同于实战条件,所以对武器装备实战效能的评估会受到背景条件的影响;另一方面,被试装备诸多参数之间常常有复杂的关系,被试装备与作战体系其他要素之间也存在着复杂的联系,这些都会使试验评估成为一个复杂的综合性问题。所以,武器装备试验设计和评估是军事学与统计学的交叉学科问题。

1.3.2 统计理论在武器装备试验设计与评估中的应用

要想科学、有效地进行装备试验,必须用科学方法来设计。要想从试验数据中得出有意义的结论,只有统计方法是客观的评估方法。尽管武器装备试验不是单纯的统计学问题,但是统计理论仍然是武器装备试验设计与评估的最基本的理论工具。

武器装备试验是通过测试武器装备特性参数以对其质量状态进行评价或认定。由于武器装备试验具有破坏性,而且通常耗费较大,因此不可能对试验对象的总体全部进行试验,只能随机抽取一定的样本进行试验以推断总体。事实上,武器装备的理化特性和功能特性是在一定范围内波动的,用以测试武器装备特性参数的设备难免一定的测试误差,试验展开的空间、气象、环境等条件也不可能完全一致。武器装备试验所获得的试验数据都是受到包含装备自身和试验过程两方面不确定性影响的随机数据。随机性问题是装备试验所要面对和解决的基本问题之一,所以,根据随机性数据研究事物数量特征和和数量规律的统计理论必然是装备试验的理论基础和基本工具之一。

由于在武器装备试验中随机因素的影响无处不在,因此统计理论在武器装备试验中具有广泛的应用空间,正确应用统计学方法对于有效开展科学试验和提高试验的质量与水平有着及其重要的意义和作用。如前所述,统计理论在装备试验中的应用可以概括为两大类,这也是任何一个试验问题都存在的两个方面:一是应用于试验设计活动,即研究如何更合理更有效地安排试验活动,以较小的试验规模、较短的试验周期和较低的试验成本,获得期望的试验数据,如试验样本量选取问题、试验分组问题、应力水平选取问题等;二是统计推断,即研究如何利用所获得的数据对所关心的问题做出尽可能精确、可靠的结论,如参数估计、假设检验、异常数据处理等,统计推断的结果直接服务于试验评估活动。这二者是紧密联系的,试验数据的统计分析直接依赖于所用的统计学设计,试验设计则为试验数据的充分性和推断试验结论的可信性提供依据和保证。

1.3.3 现代武器装备试验统计学问题的新特点

现代武器装备的性能越来越先进,要求越来越高,指标体系越来越完善。为了实现对装备性能的准确评价,需要开展更多类型、更多数量的试验,积累更多的试验数据,因此要求武器装备试验在深度和广度方面都应有新的拓展。但与此同时,由于武器系统越来越复杂,造价越来越高,其试验鉴定的难度也越来越大,试验手段日趋多样化、复杂化,试验周期、经费的矛盾越来越突出,而武器系统的现场鉴定试验大多属于有损甚至破坏性试验,因此,往往只能或是希望只进行较少的系统级现场试验。

在武器装备进行现场试验之前,实际上已经具有多种可利用的信息,如不同研制阶段、不同试验条件、不同层次产品(系统、分系统、部件)的试验信息和类似产品(具有一定继承性)的历史试验信息等。试验类型的多样化,使试验信息具有多种信息源,性能试验、作战试验所产生的试验数据虽然在统计上具有一定的差异,但内在的相关性应该得到充分的重视。如果这些先验信息能够得到有效的利用,无疑有助于得到更加合理、更加可信的试验结论。

总之,完全依靠经典统计理论已不可能解决现代武器装备试验的全部统计学问题,必须根据当前装备试验的新特定,研究运用现代统计理论的发展成果,更好地解决武器装备试验所面临的新问题。

第2章 贝叶斯理论方法

武器装备试验理论包括试验设计方法、数据处理方法和指标评估方法等,从统计分析的角度,分为经典统计理论方法和贝叶斯统计理论方法。经典统计理论和方法已应用多年,试验规程比较成熟。随着武器装备复杂程度和信息化程度越来越高、指标体系越来越完善、性能要求越来越高,经典统计理论面临着一些困难和挑战;同时,武器装备的继承性越来越强、多种可利用信息越来越多,贝叶斯理论越来越成熟,使得贝叶斯统计理论的应用越来越广泛。

2.1 经典学派和贝叶斯学派

在统计推断中,可用的信息包括总体信息、样本信息和先验信息,按照是否可使用先验信息分为经典(频率)学派和贝叶斯学派。总体信息即总体分布或总体所属分布族所蕴含的信息,例如,武器弹着点服从正态分布蕴含以下信息:它的密度函数是一条钟形曲线,它的一切阶矩均存在,有关正态变量(服从正态分布的随机变量)的一些事件的概率可以计算,由正态分布可以导出 χ^2 分布、t 分布和 F 分布等重要分布。样本信息就是从总体中抽取的样本所提供的信息,例如,一组射击所获得的弹着点坐标,通过对样本的加工、整理,可以对总体的分布或某些数字特征做出统计推断。

总体信息和样本信息放在一起,称为抽样信息。基于总体信息和样本信息进行统计推断的理论和方法称为经典(古典)统计学:它的基本观点是:把样本看成来自有一定概率分布的总体,所研究的对象是这个总体而不局限于数据本身。这方面的工作最早是由高斯和勒让德进行误差分析中,发现正态分布和最小二乘方法。从 19 世纪到 20 世纪中叶,K·皮尔逊、费希尔、奈曼和 E·S·皮尔逊等人的杰出工作创立了经典统计学。20 世纪下半叶,经典统计学在工业、农业、医学、经济、管理、军事等领域得到广泛应用,随着经典统计学的持续发展与广泛应用,它本身的缺陷也逐渐暴露出来。

先验信息就是在抽样之前有关统计推断问题中未知参数的信息,基于总体信息、样本信息和先验信息进行统计推断的理论和方法称为贝叶斯统计学。

贝叶斯统计起源于英国学者贝叶斯死后发表的一篇论文"论有关机遇问题的求解",在此论文中,他提出了著名的贝叶斯公式和一种归纳推理方法,随后拉普拉斯等人用贝叶斯提出的方法导出了一些有意义的结果。第二次世界大战后,瓦尔德提出了统计决策函数论后,又引起很多人对贝叶斯方法研究的兴趣,因为在这个理论中贝叶斯解被认为是一种最优决策函数。在 Jeffreys、Savage 等贝叶斯学者的努力下,贝叶斯方法在观点、方法和理论等方面得到了不断完善,如无信息验前分布、共轭验前分布、多阶段验前分布、经验贝叶斯方法等,如今贝叶斯统计已日趋成熟,贝叶斯学派已发展成为一个非常有影响的统计学派。

2.2 贝叶斯理论方法在统计推断中的优势

统计推断是一种现代意义上的归纳推理,这种推理是以统计数据或资料为前提,以概率论为基础的推理。贝叶斯统计推断同样属于归纳推理的范畴,它是一种依托贝叶斯定理,通过相应先验分布而来的后验概率或密度分布,来获取新信息。

在估计一个参数的值时,贝叶斯方法不像经典方法,它的出发点是一个先验概率或密度的分布,这个分布与某个参数的可能值的集合相关,而且它反映了试验前的信息。

2.2.1 贝叶斯方法对随机抽样悖论的消除

经典统计学派认为抽样应该是一个物理随机过程,而随机抽样不要求个体判断,它是相当客观和不带个人色彩的,恰当的估计只能通过客观上随机选择的样本才能获得。随机抽样的随机性特点,满足了经典统计推理对客观性的要求,却带来了斯图尔特(Stuart)描述的"抽样悖论"。一方面,随机抽样原则主张,只能通过客观上随机选择的样本才能获得恰当的估计。经典统计学派认为估计和检验的经典方法是完全客观的,为保证科学推理的客观性,他们要求数据的样本分布也是客观的。这要求必须通过一个无偏倚的物理过程产生用于估计的样本,来确保每个总体元素客观上具有同等被选择的可能。可见,一个随机过程产生的完全相同的样本都是完全没问题且可接受的。另一方面,为了确保随机过程产生完全相同的样本,使得总体各个元素正好被赋予样本中包含的相同客观概率,这意味着在抽样时会带有一定的目的和意图,这样随意刻画的样本对一个恰当的经典统计将不会提供任何信息,且是不可接受的。这就是"抽样悖论",一个随机过程产生的完全相同样本,既是可接受的,又是不可接受的。斯图尔特认为"抽样悖论"在经典推理中不可避免的。

似然性原则表明,似然函数与试验设计的各个环节无关,如给定的参数值下统计量的条件分布、产生的数据类型等。这种结果是许多统计学家的希冀和追求,但是由于抽样悖论的存在,一定程度上否决了经典学派的尝试,进而滋生检验统计量的选择,以及停止法则的主观性问题。另外,贝叶斯方法消除了抽样悖论,所以它可以很好地尊重和运用似然性原则,也使得其结果不受到停止法则的影响。

贝叶斯方法同样受到抽样方法的影响,但是它认为抽样方法本身不存在任何悖论,因为通过收集数据可以获得有用的信息。抽样悖论的产生,在于经典方法单纯地采用样本数据,排除了很难量化的先验知识,进而导致了主客观之间的矛盾。而贝叶斯方法量化了先验知识,将它作为先验分布,与通过似然函数方式引入的观测数据,一起计算后验分布,很好地协调了主客观之间的关系。

贝叶斯学派与经典学派都同意抽样方法和样本是归纳上相关的,他们的分歧在于随机样本的作用。经典学派认为,只有通过物理随机化机制得到的随机样本才能够提供信息,所以不能使用其他类型的样本。而贝叶斯学派则认为,除了随机抽样外,还认同立意抽样和判断抽样。

2.2.2 贝叶斯估计的优越性

贝叶斯方法凭借先验分布来表述先验知识,并加以量化引入贝叶斯定理的计算,最终解决了经典估计中的先验回避问题。具体而言,用可信区间代替置信区间,为经典置信区间下的直觉提供了一个概念性的解释和合理说明。通过牢固估计原则,来确保由先验分布而来的贝叶斯主义估计的相对独立性。

2.2.2.1 可信区间的合理性

贝叶斯参数估计通常用一个概率范围的形式来表示,这种形式具有一个自然的贝叶斯主义解释,即具有一个包含待估参数真值的高概率值集合,这个集合称为可信区间。贝叶斯学派把可信区间作为后验分布的有用概括,类似于经典统计的置信区间。但是两种区间有重要的不同之处。在条件方法下,对给定的 x 和可信水平 $1-\alpha$ 的可信区间为 $P(a \leq \theta \leq b/x) = 1-\alpha$,通过后验分布可获得具体的可信区间。可信区间可以描述为 θ 属于 $[a,b]$ 的概率为 $1-\alpha$,或 θ 落入 $[a,b]$ 的概率为 $1-\alpha$。置信区间就不能这么说,因为经典统计认为 θ 是常量,它要么在 $[a,b]$ 内,要么在此区间外,它表示在 100 次使用这个置信区间时,大约 $1-\alpha$ 次能覆盖住 θ,此种频率解释对于仅发生一次或两次的事件毫无意义。对于试验鉴定中武器装备性能参数的估计,贝叶斯可信区间的解释简单、自然、易于理解和采用。

2.2.2.2　牢固估计原则与估计独立性

牢固估计原则由爱德华兹(Edwards)、林德曼(Lindman)和萨维奇(Savage)于1963年提出,并由布莱克威尔(Blackwell)和杜宾(Dubins)加以证明完善。牢固估计原则是一种具有实用性的近似法,它解释了许多统计推理实践中的客观性,也保证了贝叶斯估计的相对独立性。

1)正态条件下的估计独立性

在估计一个正态总体的平均值 θ 时,已知总体平均值的估计,且具有标准差 σ。假定先验为平均值为 μ_0,标准差为 σ_0 的正态分布,在获得随机样本 x_1, $x_2,\cdots,x_n$ 后,其后验分布为平均值为 μ_n,标准差为 σ_n 的正态分布,且 $\mu_n = \frac{nx\sigma + \mu_0\sigma_0^2}{n\sigma^2 + \sigma_0}$, $\frac{1}{\sigma_n^2} = \frac{n}{\sigma^2} + \frac{1}{\sigma_0^2}$,林德利在1965年证明了这个结果。上述等式表明,随着 n 增大,后验分布的平均值 μ_n 趋向于样本的平均值 $\bar{x}$。同样地,σ_n^2 趋向于 $\frac{\sigma^2}{n}$,这个量取决于样本和总体,但是与先验分布无关。这意味着,随着样本扩大,先验分布和推理主观部分的作用会缩小,最终缩小到无意义的,这时样本包含的客观信息很快成为主导因素,所以贝叶斯推理的主观性是合理的。

2)非正态条件下的估计独立性

考察一个参数 θ,它具有先验概率密度分布 $\mu(\theta)$,相应地,关于某些数据 x 的后验分布是 $\mu(\theta/x)$。$\omega(\theta/x)$ 表示先验分布一致时将会导出的后验分布。B 是一个建立在 $\omega(\theta/x)$ 上的可信区间,它使得 $\int_B\omega(\theta/x)\mathrm{d}\theta \leqslant \alpha\int_{\bar{B}}\omega(\theta/x)\mathrm{d}\theta$,其中 $\bar{B}$ 是 B 的补集。牢固估计原则规定了三个条件,条件(1):α 小于或等于 10^{-4};条件(2):规定存在正数 φ 和 β,$\beta < 0.05$,对于 B 中的所有 θ,$\varphi \leqslant \mu(\theta) \leqslant (1 + \beta)$ φ;条件(3):对于某些正数 $\delta < 1000$ 和所有 θ,$\mu(\theta) \leqslant \delta\varphi$。爱德华兹、林德曼和萨维奇认为,在这三个条件下,实际的后验分布和一个具有一致先验的假设计算得出的唯一分布是近似相同的。而且,这个近似值越大,α,β 和 δ 就越小。

2.2.3　贝叶斯假设检验的合理性

贝叶斯方法在假设检验时,不同于经典推理的反证方法,它依据贝叶斯定理计算后验概率,通过直接比较后验概率的大小来决定接受或拒绝假设,即接受后验概率大的假设,拒绝后验概率小的假设。与经典方法相比,贝叶斯方法在假设检验上更具合理性,首先,它不存在检验统计量的选择问题。经典方法中的显著性检验,可能会出现选择不同的检验统计量,而产生不同结果,导致无法抉择的局面。贝叶斯方法用后验分布代替了统计量和抽样分布的决定性作用,也就消除了费希尔检验理论中选择哪个检验统计量的难题。其次,它避免了停止法则。经典方法需要通过停止法则来确定可能结果空间,由于停止法则本身的主观任意性会影响实际的科学判断,进而使得经典方法的客观性遭到了质疑。而贝叶斯方法在假设检验时并不依赖结果空间,且后验概率的计算在所有情形下都不受停止法则隐含的主观意图的影响,而仅仅取决于结果。贝叶斯方法对停止法则的摒弃,是它在假设检验时的一个重要特点,下面通过讨论不同的描述证据来论证停止法则在贝叶斯统计推理中是不必要的。同时还需强调,正是因为贝叶斯方法可以在统计推理中刻画证据,才更加凸显了这种方法的归纳性,这是经典方法无法比拟的。

一个试验结果是一种物理状态,而科学证据是一种语言学的语句,这由此提出一个问题:物理状态的哪个方面应该变成证据语句? 它也不能描述成一个抽象理念,这个理念包含了证据中某个试验结果的各个方面。因为某些方面是明显不相关的。如果知道一个事实影响了假说的评估程度,那么它与这个假设是相关的。当这种评估方法是贝叶斯主义时,这意味着一个事实的相关性,取决于它是否改变了任意考察假设的概率。这里通过一个简单且典型的问题来阐释证据相关性的概念,即利用抛掷若干次硬币获得的证据,估计这枚硬币落地时正面朝上和反面朝上的物理概率。假设抛掷这枚硬币 10 次,产生了 6 次正面朝上和 4 次反面朝上。表 2.1 列举了这样一种结果的若干可能描述。

表 2.1　不同硬币抛掷试验中获得的 6 次正面朝上和 4 次
反面朝上结果的可能描述

e_1	6 次正面朝上
e_2	6 次正面朝上和 4 次反面朝上;要求抛掷硬币 10 次后停止试验
e_3	6 次正面朝上和 4 次反面朝上;要求出现 6 次正面朝上后停止试验
e_4	序列 TTHTHHHHTH(T 表示反面朝上,H 表示正面朝上)
e_5	序列 TTHTHHHHTH;要求试验者吃午餐时停止试验
e_6	6 次正面朝上和 4 次反面朝上

通常描述数据时并不提及停止法则,正如在 e_6 中,仅仅报告了试验产生的正面朝上和反面朝上的数量。这提出了一个问题:因为这种结果的概率一定离不开停止法则,如果不能计算 $P(e|\theta)$,那么贝叶斯定理和经典显著性检验都无法作用。当提前确定样本的范围时,计算概率一般会遇到这个难题。在这种情况下,$P(e|\theta)$ 被视为等值于 $C_n^r \theta^r (1-\theta)^{n-r}$。这种等值关系似乎是任意和错误的,但是它能在贝叶斯分析中获得证明。因为 r 次正面朝上和 $n-r$ 次反面朝上的结果必须以某种特殊的序列形式出现,不管这个序列怎样,它以 θ 为条件的

概率是 $\theta^r(1-\theta)^{n-r}$，而且可以在贝叶斯定理中正确使用这个概率。但是我们由此获得的关于 θ 的相同后验概率，其演算建立在一个固定样本的停止法则的可能不恰当假定上。萨维奇于1962年证明，不管抽样的持续时间如何，贝叶斯定理的运用并没有为任何假说提供支持性证据的保证。事实上，卡登（Kadane）等人于1999年已经表明，一个错误假设最终包含的强证据的概率很小。这个小概率程度取决于相关假说的先验概率和支持它的确证度。

最后，贝叶斯方法凸显了极大的归纳意义，这是经典统计推理所做不到的。频率学派需要找到"一种关于证据与对证据的反应的概念"，他们试图将显著性检验与证据强度联系在一起，但是并未成功；加之显著性检验的证伪主义方法论依据，更削弱了其本身的归纳意义。贝叶斯方法依托贝叶斯定理，可以对物理状态形成的证据语句进行描述，换言之，贝叶斯方法中存在可以确证各类假说的证据，它表明这种方法具有明显的归纳意义和特性，也为贝叶斯方法成为定量归纳逻辑模型提供一份合理性说明。

2.3 贝叶斯统计推断

2.3.1 先验分布与后验分布

2.3.1.1 贝叶斯统计模型

设事件 $A_1, A_2, \cdots, A_n$ 构成互不相容的事件完备组，概率论中的贝叶斯公式为

$$P[A_i \mid B] = \frac{P[B \mid A_i]P[A_i]}{\sum_{j=1}^{n} P[B \mid A_j]P[A_j]}, i = 1, 2, \cdots, n \qquad (2.1)$$

这时，先验信息以 $\{P[A_j], i = 1, 2, \cdots, n\}$ 这一概率分布给出，即先验分布。由于事件 B 的发生，可以对 $A_1, A_2, \cdots, A_n$ 发生的概率重新估计。

定义 2.1 （1）参数 θ 的参数空间 Θ 上的一个概率分布为 θ 的先验分布，其（连续或离散）密度记为 $\{\pi(\theta): \theta \in \Theta\}$；

（2）样本 $\boldsymbol{X} = (X_1 \quad X_2 \quad \cdots \quad X_n)^{\mathrm{T}}$ 的条件密度函数族 $\{f(x \mid \theta): \theta \in \Theta\}$（连续或离散）称为样本分布族；

（3）先验分布 $\{\pi(\theta): \theta \in \Theta\}$ 与样本分布族构成贝叶斯参数统计模型。

贝叶斯统计模型的特点是将参数 θ 视为随机变量，并具有先验分布 $\pi(\theta)$。

2.3.1.2 后验分布

给定了贝叶斯参数统计模型，就可以确定联合分布，θ、X 皆为连续型分布说明，这时 (θ, X) 的联合密度函数为

$$h(\theta, x) = f(x|\theta)\pi(\theta) \tag{2.2}$$

X 的边缘密度函数为

$$q(\theta) = \int_{\Theta} h(\theta, x)\mathrm{d}\theta = \int_{\Theta} f(x|\theta)\pi(\theta)\mathrm{d}\theta \tag{2.3}$$

由此可见,样本分布 $f(x|\theta)$ 与 θ 有关,边缘密度式(2.3)是样本分布按先验分布的"平均",与 θ 无关。在 $X = x$ 时,θ 的条件密度函数为

$$\pi(\theta|x) = \frac{f(x|\theta)\pi(\theta)}{\int_{\Theta} f(x|\theta)\pi(\theta)\mathrm{d}\theta} \tag{2.4}$$

式(2.4)也称为贝叶斯公式。当 X 为连续型,θ 为离散型时,有

$$\pi(\theta|x) = \frac{f(x|\theta)\pi(\theta)}{\sum_i \int_{\Theta} f(x|\theta_i)\pi(\theta_i)\mathrm{d}\theta} \tag{2.5}$$

$\pi(\theta|x)$ 反映了得到样本观测值 x,θ 取各种可能值概率大小的新认识,称为 θ 的后验分布,$\pi(\theta|x)$ 称为后验密度函数。

定义 2.2 在 $X = x$ 的条件下,θ 的条件分布函数称为 θ 的后验分布,后验分布由后验密度函数 $\{\pi(\theta|x) : \theta \in \Theta\}$ 描述。

后验分布的意义在于综合了关于 θ 的先验信息(反映在先验分布 $\pi(\theta)$ 中)和关于 θ 的样本信息(反映在样本分布 $f(x|\theta)$ 中)。先验分布概括了试验前对 θ 的认识,而得到样本观测值 x 后,对 θ 的认识有了深化,这集中反映在后验分布中。贝叶斯公式反映了先验分布到后验分布的转化,即贝叶斯自己所说的"归纳推理"的统计方法。

当给定样本 $\boldsymbol{X} = (X_1 \quad X_2 \quad \cdots \quad X_n)^{\mathrm{T}}$,记 $\boldsymbol{x} = (x_1 \quad x_2 \quad \cdots \quad x_n)^{\mathrm{T}}$,则样本密度 $f(x|\theta) = f(x_1, x_2, \cdots, x_n|\theta)$,即似然函数,记为 $L(\theta|x)$。在式(2.4)中,分母 $\int_{\Theta} f(x|\theta)\pi(\theta)\mathrm{d}\theta$ 与 θ 无关,故有

$$\pi(\theta|x) \propto \pi(\theta)L(\theta|x) \tag{2.6}$$

或

$$\pi(\theta|x_1, x_2, \cdots, x_n) \propto \pi(\theta)L(\theta|x_1, x_2, \cdots, x_n) \tag{2.7}$$

式(2.6)表明:先验信息包含在 $\pi(\theta)$ 中,样本信息包含在 $L(\theta|x)$ 中,它们结合起来得到后验信息包含在 $\pi(\theta|x)$ 中。式(2.7)可以描述当多个观测值相继得到时,关于 θ 的信息不断更新。

2.3.1.3 贝叶斯统计推断原则

贝叶斯统计认为样本的作用是使 θ 的认识不断深化,由先验分布转化为后验分布。后验分布包含了 θ 的先验信息与样本观测值提供的信息,是贝叶斯统计推断的基础,由此引出贝叶斯统计推断的基本原则:对参数 θ 所作任何推断

(参数估计、假设检验等)必须基于且只能基于 θ 的后验分布,即后验密度函数族 $\{h(\theta|x):\theta\in\Theta\}$。

定义 2.3 设 $T=T(x)$ 为一统计量,若不论 θ 的后验分布如何,θ 的后验密度 $h(\theta|x)$ 总是 θ 和 $T=T(x)$ 的函数,则 $T=T(x)$ 称为 θ 的充分统计量。

定义 2.3 表明:由样本观测值 x 向 θ 提供的信息,完全包含在充分统计量 $T=T(x)$ 中。

2.3.1.4 先验分布的贝叶斯解

贝叶斯本人对先验分布作了如下假设:先验分布是无信息先验分布,在 θ 的取值范围内"均匀分布",即假定

$$\pi(\theta)=1 \ \text{或} \ \pi(\theta)\propto 1,\theta\in\Theta \tag{2.8}$$

当 Θ 为无界区域时,$\pi(\theta)$ 不是通常意义下的概率分布,需要引入广义先验分布概念。

定义 2.4 若 $\pi(\theta)$ 满足下列条件时称为广义先验分布。

(1) $\int_\Theta \pi(\theta)\mathrm{d}\theta = +\infty$;

(2) $\int_\Theta f(x|\theta)\pi(\theta)\mathrm{d}\theta < +\infty$ 。

当 $\pi(\theta)$ 满足式(2.8)且为广义先验分布时,$\pi(\theta)$ 称为广义均匀分布,有

$$h(\theta|x)\propto 1\cdot L(\theta|x)=L(\theta|x) \tag{2.9}$$

即似然函数就是后验密度函数的核。当 θ 有充分统计量 $T=T(x)$ 时,记为 $h(\theta|t)$。当 $T=t$ 时,θ 的后验密度函数,又 $L(\theta|t)=f(t|\theta)$,则式(2.9)变为

$$h(\theta|t)\propto L(\theta|t) \tag{2.10}$$

式(2.9)、式(2.10)可以看作以后验分布形式出现的贝叶斯假设。

2.3.2 先验分布的选取

2.3.2.1 共轭分布方法

定义 2.5 设样本 X 的分布族为 $f(x|\theta:\theta\in\Theta)$,若先验分布 $\pi(\theta)$ 与后验分布 $h(\theta|x)$ 属于同一分布类型,则先验分布 $\pi(\theta)$ 称为 $f(x|\theta)$ 的共轭分布。

共轭分布要求先验分布 $\pi(\theta)$ 提供的信息与样本分布 $L(\theta|x)$ 提供的信息综合以后,不改变 θ 的总体分布规律,这实质是认为由样本提供的信息是主要的。共轭分布要求先验分布与后验分布属于同一类型,就是要求过去的经验知识通过样本信息转化为同一类型的经验知识。在不断获得新的样本观测值前,现时的后验分布可以看作进一步试验或观测的先验分布。常用的共轭先验分布如表 2.2 所列。

表 2.2　常用的共轭先验分布表

总体分布	参数	共轭先验分布
二项分布	成功概率	Beta 分布 $Be(\alpha,\beta)$
泊松分布	均值	Γ 分布 $G_a(\alpha,\lambda)$
指数分布	均值的倒数	Γ 分布 $G_a(\alpha,\lambda)$
正态分布(方差已知)	均值	正态分布 $N(\mu,\sigma^2)$
正态分布(均值已知)	方差	逆 Γ 分布 $IG_a(\alpha,\lambda)$
正态分布(均值、方差均未知)	方差、均值	正态—逆 Γ 分布

2.3.2.2　不变先验分布

贝叶斯假设是对参数"无信息"的条件下,认为参数在其取值范围内,取各个值的可能性都相同,无所偏爱。通常称满足贝叶斯假设的先验分布为"无信息先验分布"。无信息先验分布的选取与参数在总体分布的地位有关,在数学上,就是相当于对群的作用具有不变性,因而这种选择先验分布的观点导出的先验分布称为不变先验分布。

1) 位置参数族

具有下列形式的密度函数族称为位置参数族:

$$\{f(x-\theta): -\infty < \theta < +\infty\} \tag{2.11}$$

式中:θ 为位置参数。对于位置参数族式(2.11),有

$$\pi(\theta) \propto 1 \tag{2.12}$$

这表明对于位置参数族,位置参数 θ 的先验密度应服从贝叶斯假设。

2) 尺度参数族

具有下列形式的密度函数族称为尺度参数族:

$$\left\{\frac{1}{\sigma} f\left(\frac{x}{\sigma}\right), \sigma > 0\right\} \tag{2.13}$$

式中:σ 为尺度参数。对于位置参数族式(2.13),有

$$\pi(\sigma) \propto \frac{1}{\sigma}, \sigma > 0 \tag{2.14}$$

因此,对尺度参数族,尺度参数 σ 的不变先验分布应满足式(2.14)。

3) 位置尺度参数族

具有下列形式的密度函数族称为位置尺度参数族:

$$\left\{\frac{1}{\sigma} f\left(\frac{x-\mu}{\sigma}\right), -\infty < \mu < +\infty, \sigma > 0\right\} \tag{2.15}$$

令 $\theta = (\mu,\sigma)^T$,则位置尺度不变先验分布为

$$\pi(\theta) = \pi(\mu,\sigma) = \pi(\mu)\pi(\sigma) \propto \frac{1}{\sigma} \tag{2.16}$$

即 μ、σ 是相互独立的,且 $\pi(\mu) \propto 1$,$\pi(\sigma) \propto \dfrac{1}{\sigma}$。

2.3.2.3　Jeffreys 准则

Jeffreys 提出的选取先验分布的原则是一种不变原理,较好地解决了贝叶斯假设中的一个矛盾。贝叶斯假设的一个矛盾是,若对参数 θ 选用均匀分布,则 $g(\theta)$ 往往不是均匀分布。Jeffreys 为了克服这一矛盾,认为合理决定的先验分布的准则应具有相容性,这称为 Jeffreys 原则。

Jeffreys 原则如下:设按照原则决定 θ 的先验分布为 $\pi(\theta)$,若以 $g(\theta)$ 作为参数,按同一原则决定的 $\eta = g(\theta)$ 的先验分布是 $\pi_g(\eta)$,则应有关系式:

$$\pi(\theta) = \pi_g[g(\theta)]|g'(\theta)| \tag{2.17}$$

若选取的 $\pi(\theta)$ 符合式(2.17),则 θ 或 θ 的函数 $g(\theta)$ 导出的先验分布总是一致的。

2.3.2.4　最大熵原则

熵是信息论的一个基本概念,是随机变量不确定性的度量,不确定性越大,则熵越大。在"无信息"的情况下,应取熵最大的分布为先验分布,这就是最大熵原则。

定义 2.6　(1) 设随机变量是离散型的,有

$$P[X = a_i] = p_i, i = 1, 2, \cdots$$

熵

$$H(X) = -\sum_i p_i \ln p_i \tag{2.18}$$

(2) 设随机变量 X 是连续的,其密度函数为 $f(x)$,熵

$$H(X) = -\int f(x) \ln f(x) \, \mathrm{d}x \tag{2.19}$$

引理 2.1　(1) 设随机变量 X 是离散的,其分布列为

$$P(X = a_i) = p_i, i = 1, 2, \cdots, n$$

则 $H(X)$ 最大的充分必要条件是 $p_1 = p_2 = \cdots = p_n = \dfrac{1}{n}$,此时 $H(X) = \ln n$。

(2) 设随机变量 X 是连续的,其密度函数在 $[0, T]$ 外为零,则 $H(X)$ 最大的充分必要条件是:X 是 $[0, T]$ 上的均匀分布 $U(0, T)$,即

$$f(x) = \frac{1}{T} I\{0 \leqslant x \leqslant T\}$$

此时,$H(X) = \ln T$。

由这一引理可以看出,贝叶斯假设提出的均匀分布是有一定根据的,"无信息"如果意味着不确定性最大,则无信息先验分布应是最大熵所相应的分布。

2.3.3　贝叶斯参数估计

2.3.3.1　最大后验估计

设样本 X 的密度为 $f(x|\theta)$，即似然函数 $L(\theta|x)$，$\pi(\theta)$ 是 θ 的先验分布，由此可以得到后验密度函数 $\pi(\theta|x)$。

定义 2.7　若 $\hat{\theta} = \hat{\theta}(x)$ 使得

$$\pi(\hat{\theta}|x) = \sup_{\theta \in \Theta} h(\theta|x) \tag{2.20}$$

则称 $\hat{\theta}$ 为 θ 的最大后验估计。

若采用贝叶斯假设，$\pi(\theta) \propto 1$，则有

$$\pi(\theta|x) \propto L(\theta|x) \tag{2.21}$$

此时最大后验估计即最大似然估计。以后验密度 $\pi(\theta|x)$ 的最大值 $\hat{\theta}$ 作为 θ 的估计，因后验密度中蕴含了样本信息与先验信息，其估计效果比最大似然估计要好。又因位置参数族，对位置参数采取贝叶斯假设，在"无信息"的条件下，这是合理的。因此，对于位置参数在无信息的条件下，最大似然估计是优良估计。对刻度参数族，刻度参数在无信息条件下，应取 $\pi(\theta) \propto \dfrac{1}{\theta}$，此时 $\pi(\theta|x) \propto \dfrac{1}{\theta} L(\theta|x)$，最大后验估计与最大似然估计不一致。

2.3.3.2　条件期望估计

用后验分布的期望去估计参数，得到参数的条件期望估计。

定义 2.8　设后验密度函数 $\{\pi(\theta|x), \theta \in \Theta\}$，则后验分布的期望

$$\hat{\theta} = E(\theta|x) = \int_{\Theta} \theta \pi h(\theta|x) \mathrm{d}\theta \tag{2.22}$$

称为 θ 的期望估计。

条件期望估计是贝叶斯点估计中最重要的一种，通常贝叶斯点估计指的是条件期望估计。

2.3.3.3　贝叶斯区间估计

求得 θ 的后验密度 $\pi(\theta|x)$ 后，对于给定的置信概率的 $1-\alpha$，如何求得贝叶斯意义下的最优区间。

定义 2.9　已知参数 θ 的后验密度 $\pi(\theta|x)$，对于给定的置信概率的 $1-\alpha$，若存在区间 I，满足下列条件：

$$P[\theta \in I | x] = \int_I \pi(\theta|x) \mathrm{d}\theta = 1 - \alpha \tag{2.23}$$

$$任给 \theta_1 \in I, \theta_2 \notin I 总成立，\pi(\theta_1|x) \geqslant \pi(\theta_2|x) \tag{2.24}$$

则称 I 是参数 θ 的置信概率为 $1 - \alpha$ 的最大后验密度(HPD)区间估计,简称 $1 - \alpha$ 最大后验(HPD)区间估计。

式(2.24)表明 I 内点的相应的后验密度不比 I 外的小,即 I 集中了后验密度取值尽可能大的点,因此 θ 的最大后验区间 I 一定是同一置信概率下长度最短的区间。

2.3.4 贝叶斯假设检验

根据贝叶斯统计推断原则,贝叶斯假设检验问题也比较容易处理。设假设检验问题为

$$H_0 : \theta \in \Theta_0 \leftrightarrow H_1 : \theta \in \Theta_1 \qquad (2.25)$$

$\Theta = \Theta_0 \cup \Theta_1$,记 α_0、α_1 为下列后验概率:

$$\begin{cases} \alpha_0 = \alpha_0(x) = P[\theta \in \Theta_0 | x] \\ \alpha_1 = \alpha_1(x) = P[\theta \in \Theta_1 | x] \end{cases} \qquad (2.26)$$

其中

$$\alpha_0 = \int_{\Theta_0} \pi(\theta | x) \mathrm{d}\theta, \alpha_1 = \int_{\Theta_1} \pi(\theta | x) \mathrm{d}\theta \qquad (2.27)$$

贝叶斯假设检验的推断原则:

(1) $\alpha_0(x) > \alpha_1(x)$,接受假设 H_0;

(2) $\alpha_0(x) < \alpha_1(x)$,拒绝假设 H_0(接受假设 H_1)。

比值 α_0 / α_1 称为后验概率比,其值为

$$\frac{\alpha_0}{\alpha_1} = \frac{\int_{\Theta_0} f(x | \theta) \pi(\theta) \mathrm{d}\theta}{\int_{\Theta_1} f(x | \theta) \pi(\theta) \mathrm{d}\theta} \qquad (2.28)$$

后验概率比反映了两个假设成立的相对可能性。当 $\alpha_0 / \alpha_1 > 1$,接受 H_0;当 $\alpha_0 / \alpha_1 < 1$,接受 H_1。

第3章 成败型试验设计与评估

对于一次随机试验仅能有成功或失败的一种结果发生称为成败型试验或贝努利概率型试验,如导弹命中率试验、引信发火率试验、弹药可靠性试验、破甲弹破甲试验、燃烧弹引燃试验等。独立地进行多次成败型试验,每次试验的成功率或失败率不变,成功数或失败数可以用二项分布进行表示。

3.1 无信息先验试验设计

3.1.1 无信息先验分布形式

对于二项分布参数 $\theta = p, \Theta \in [0,1], \theta$ 的先验分布有多种形式,目前常用的有以下四种形式:$\pi_1(\theta) \propto 1, \pi_2(\theta) \propto \theta^{-1}(1-\theta)^{-1}, \pi_3(\theta) \propto \theta^{-0.5}(1-\theta)^{-0.5}$,$\pi_4(\theta) \propto \theta^{\theta}(1-\theta)^{-\theta}$。第一个是贝叶斯(1763)和 Laplace(1812)采用过的;第二个是 Novick 及 Hall(1965)的方法和 Jaynes(1968)及 Villegas(1977)的变换推理所得到的;第三个是由 Jeffreys(1968)、Box 及 Tiao(1973)、Akaike(1978)及 Bernardo(1979)得到的;第四个是由 Zellner(1977)提出的,其中 π_1、π_3、π_4 是正常的密度(π_3、π_4 要作适当的正常化),而 π_2 是不正常的密度,图 3.1 给出了三种正常先验的密度函数。这四种先验分布形式都是在不同的条件下得到的,当试验子样很大时,它们对试验结果影响较小;当试验子样较小时,特别是在试验结果与指标值非常接近时,不同的先验分布对试验结果影响还是相当大的。当试验子样不是很大时,不同的先验分布对相同的试验结果得到的结论可能完全相反。

3.1.2 先验分布稳健性分析

贝叶斯统计推断方法中,不同形式的先验分布将引起不同的统计分析结果,对于贝叶斯估计或检验将具有不同的风险,对这些问题的讨论属于贝叶斯方法的稳健性(或灵敏度)分析问题。

关于先验分布的稳健性,比较常用的是在选定先验分布后,运用后验统计特性判定稳健性。如果 n 不是特别小的情况下,可以在给定先验密度 $\pi(\theta)$ 后,计

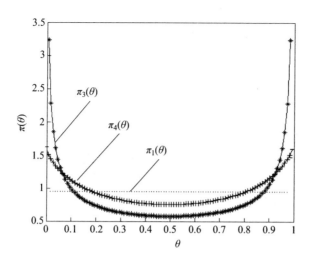

图 3.1 三种正常先验的密度函数

算子样 x 的边缘密度 $m(x|\pi)$。

在给定先验密度 $\pi(\theta)$ 的情况下,子样 x 的边缘密度为

$$m(x \mid \pi) = \int_{\Theta} f(x \mid \theta)\pi(\theta)\mathrm{d}\theta \qquad (3.1)$$

它可以看作 $\pi(\theta)$ 的似然函数(ML – II 函数)。

记 Γ 为某种先验分布族,如果在 Γ 中选择 $\hat{\pi}(\theta)$ 它使

$$m(x \mid \hat{\pi}) = \max$$

则称 $\hat{\pi}(\theta)$ 为 $\pi(\theta)$ 的 ML – II 估计。因此,对于某个给定的 $\pi_0(\theta)$,当获得子样 x 以后,如果 $m(x|\pi)$ 意外的小,那么该先验密度 $\pi(\theta)$ 将不是稳健的,因此边缘分布的大小可以用来作为对于 $m(x|\pi)$ 拟合度的一种度量。对于二项变量分布参数的三种正常先验,其边缘分布分别为

$$m(x \mid \pi_1(\theta)) = \int_0^1 \pi_1(\theta) C_n^x \theta^x (1-\theta)^{n-x}\mathrm{d}\theta = C_n^x \int_0^1 \theta^x (1-\theta)^{n-x}\mathrm{d}\theta$$

$$= C_n^x \mathrm{B}(x+1, n-x+1) \qquad (3.2)$$

其中 $\mathrm{B}(a,b) = \int_0^1 \theta^{a-1}(1-\theta)^{b-1}\mathrm{d}\theta = \dfrac{\Gamma(a)\Gamma(b)}{\Gamma(a+b)}$

$$m(x \mid \pi_3(\theta)) \propto \int_0^1 \pi_3(\theta) C_n^x \theta^x (1-\theta)^{n-x}\mathrm{d}\theta \propto C_n^x \int_0^1 \theta^{x+0.5}(1-\theta)^{n-x+0.5}\mathrm{d}\theta$$

$$= \frac{C_n^x}{\mathrm{B}(0.5, 0.5)}\mathrm{B}(x+0.5, n-x+0.5) \qquad (3.3)$$

25

$$m(x \mid \pi_4(\theta)) \propto \int_0^1 \pi_4(\theta) C_n^x \theta^x (1-\theta)^{n-x} \mathrm{d}\theta \propto C_n^x \int_0^1 \theta^{x+\theta} (1-\theta)^{n-x+1-\theta} \mathrm{d}\theta$$

$$= \frac{C_n^x \int_0^1 \theta^{x+\theta} (1-\theta)^{n-x+1-\theta} \mathrm{d}\theta}{\int_0^1 \theta^{\theta} (1-\theta)^{1-\theta} \mathrm{d}\theta} \tag{3.4}$$

通过比较边缘分布的大小,可以确定不同试验方案的先验分布。图 3.2 ~ 图 3.5 给出了不同条件下的边缘密度,从图中可以看出,不同的先验分布的边缘密度是不同的,在某些条件下相差较大,也就是说在相同的检验条件下不同先验分布的稳健性是不同的。为了使检验结果更稳健,应选择边缘密度较大的先验分布。

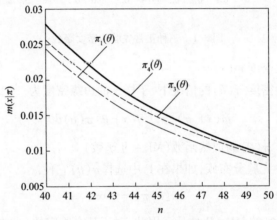

图 3.2 失效数为 4 时先验分布的边缘密度($P = 0.90$)

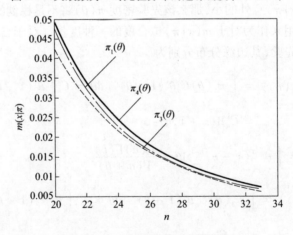

图 3.3 失效数为 3 时先验分布的边缘密度($P = 0.85$)

26

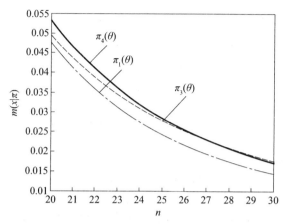

图 3.4　失效数为 2 时先验分布的边缘密度($P = 0.90$)

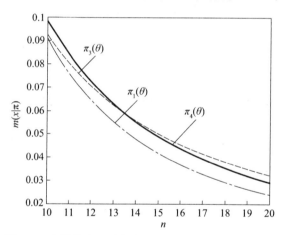

图 3.5　失效数为 1 时先验分布的边缘密度($P = 0.95$)

3.1.3　试验方案设计

设 $x_1, x_2, \cdots, x_n$ 是服从参数为 p 的 $0-1$ 分布的独立同分布的样本,p 未知。

记 $x = \sum_{i=1}^{n} x_i$ 表示 n 次试验成功的次数,则 X 服从参数为 (n, p) 的二项分布,即 $x \sim b(n, p)$,于是有

$$f(x) = C_n^x p^x (1 - p)^{n-x} \qquad (3.5)$$

根据贝叶斯公式

$$\pi(\theta \mid x) = \frac{f(x \mid \theta) \pi(\theta)}{\int_\Theta f(x \mid \theta) \pi(\theta) \mathrm{d}\theta} \qquad (3.6)$$

可以得到三种先验下的后验分布密度：

$$\pi_1(\theta \mid x) = \mathrm{B}(\theta, x+1, n-x+1) \tag{3.7}$$

$$\pi_3(\theta \mid x) = \mathrm{B}(\theta, x+0.5, n-x+0.5) \tag{3.8}$$

$$\pi_4(\theta \mid x) = \frac{C_n^x \theta^{x+\theta}(1-\theta)^{n-x+\theta}}{\int_0^1 \theta^{x+\theta}(1-\theta)^{n-x+\theta}\mathrm{d}\theta} \tag{3.9}$$

建立如下统计假设：

$$H_0 : p \geqslant p_0, \quad H_1 : p < p_0$$

令 $\Theta_0 = \{p : p \geqslant p_0\}$，$\Theta_1 = \{p : p < p_0\}$，则 $\Theta_0 \cup \Theta_1 = \Theta$，$\Theta_0 \cap \Theta_1 = \varnothing$。

对于 I. I. D 样本 $x_1, x_2, \cdots, x_n$，作似然函数在 Θ_0、Θ_1 上的后验加权比为

$$O_n = \frac{\int_{\Theta_0} \pi(\theta \mid x)\mathrm{d}\theta}{\int_{\Theta_1} \pi(\theta \mid x)\mathrm{d}\theta} = \frac{\int_{\Theta_0}\left[\prod_{i=1}^n f(x_i \mid \theta)\right]\mathrm{d}F^\pi(\theta)}{\int_{\Theta_0}\left[\prod_{i=1}^n f(x_i \mid \theta)\right]\mathrm{d}F^\pi(\theta)} = \frac{\int_{\Theta_0} L(x \mid \theta)\mathrm{d}F^\pi(\theta)}{\int_{\Theta_1} L(x \mid \theta)\mathrm{d}F^\pi(\theta)}$$

$$\tag{3.10}$$

式中：$F^\pi(\theta)$ 为 θ 的先验分布函数。根据后验概率比的大小来选取假设 H_0、H_1，即

$O_n > 1$ 时，采纳假设 H_0；

$O_n \approx 1$ 时，不能做出判断；

$O_n < 1$ 时，采纳假设 H_1。

在样本空间 R_n 中，H_0 被采纳的点 $x_1, x_2, \cdots, x_n$ 满足 $O_n > 1$，即

$$\int_{\theta \in \Theta_0} L(x \mid \theta)\mathrm{d}F^\pi(\theta) > \int_{\theta \in \Theta_1} L(x \mid \theta)\mathrm{d}F^\pi(\theta) \tag{3.11}$$

其中 $L(x \mid \theta)$ 为似然函数，$x = (x_1, x_2, \cdots, x_n)$，记

$$D_n = \{x : O_n > 1\}$$

将式(3.11)两边在 D_n 上积分，则有

$$\int_{D_n}\left[\int_{\theta \in \Theta_0} L(x \mid \theta)\mathrm{d}F^\pi(\theta)\right]\mathrm{d}x > \int_{D_n}\left[\int_{\theta \in \Theta_1} L(x \mid \theta)\mathrm{d}F^\pi(\theta)\right]\mathrm{d}x \tag{3.12}$$

根据 Fubini 定理，交换积分次序则有

$$\int_{\theta \in \Theta_0}\left[\int_{D_n} L(x \mid \theta)\mathrm{d}x\right]\mathrm{d}F^\pi(\theta) > \int_{\theta \in \Theta_1}\left[\int_{D_n} L(x \mid \theta)\mathrm{d}x\right]\mathrm{d}F^\pi(\theta) \tag{3.13}$$

式(3.13)右端括号的项 $\int_{D_n} L(X \mid \theta)\mathrm{d}X$，$\theta \in \Theta_1$，表示当 $\theta \in \Theta_1$ 为真时采纳 H_0 的概率，也就是采伪概率 $\beta(\theta)$，而 θ 的先验分布为 $F^\pi(\theta)$，因此式(3.13)左

端表示考虑了 θ 的先验分布时的采伪概率。对于复杂假设条件下,常考虑采伪概率 $\beta(\theta)$ 关于先验分布的条件均值,记为 β,则

$$\beta = \frac{\int\limits_{\theta \in \Theta_1} \beta(\theta)\mathrm{d}F^\pi(\theta)}{\int\limits_{\theta \in \Theta_1} \mathrm{d}F^\pi(\theta)} = \frac{\int\limits_{\theta \in \Theta_1} \left[\int\limits_{D_n} L(x \mid \theta)\mathrm{d}x\right]\mathrm{d}F^\pi(\theta)}{\int\limits_{\theta \in \Theta_1} \mathrm{d}F^\pi(\theta)} \tag{3.14}$$

式 (3.14) 左端括号的项 $\int_{D_n} L(X \mid \theta)\mathrm{d}X, \theta \in \Theta_0$,表示当 $\theta \in \Theta_0$ 为真时采纳 H_0 的概率,于是 $\int\limits_{\theta \in \Theta_0} \left[\int\limits_{D_n} L(X \mid \theta)\mathrm{d}X\right]\mathrm{d}F^\pi(\theta)$ 表示考虑先验信息时当 $\theta \in \Theta_0$ 为真采纳的概率 H_0。则考虑了先验信息时的拒真概为

$$\begin{aligned}
\int\limits_{\theta \in \Theta_0} \mathrm{d}F^\pi(\theta) &- \int\limits_{\theta \in \Theta_0} \left[\int\limits_{D_n} L(X \mid \theta)\mathrm{d}X\right]\mathrm{d}F^\pi(\theta) \\
&= \int\limits_{\theta \in \Theta_0} \left[\int_{R_n - D_n} L(X \mid \theta)\mathrm{d}X\right]\mathrm{d}F^\pi(\theta) \\
&= \int\limits_{\theta \in \Theta_0} \left[\int_{O_n < 1} L(X \mid \theta)\mathrm{d}X\right]\mathrm{d}F^\pi(\theta)
\end{aligned} \tag{3.15}$$

$$\alpha = \frac{\int\limits_{\theta \in \Theta_0} \left[\int\limits_{O_n < 1} L(X \mid \theta)\mathrm{d}X\right]\mathrm{d}F^\pi(\theta)}{\int\limits_{\theta \in \Theta_0} \mathrm{d}F^\pi(\theta)}$$

对于二项变量分布参数的三种先验,后验概率比的表达式分别如下:

1) $\pi \propto (\theta)1$

$$O_{n1} = \frac{1 - \mathrm{Be}_{p_0}(x + 1, n - x + 1)}{\mathrm{Be}_{p_0}(x + 1, n - x + 1)} \tag{3.16}$$

式中:$\mathrm{Be}_{p_0}(\alpha, \beta) = \dfrac{\Gamma(\alpha + \beta)}{\Gamma(\alpha) + \Gamma(\beta)} \displaystyle\int_0^{p_0} p^{\alpha-1}(1 - p)^{\beta-1}\mathrm{d}p$ 表示服从于参数为 (α, β) 的贝塔分布的变量小于 p_0 的概率。

$$\begin{aligned}
\alpha &= P(O_n < 1 \mid p \geqslant p_0) = P(f > c \mid p \geqslant p_0) \\
&= \frac{\displaystyle\int_{p_0}^1 \sum_{k=c+1}^n \left(\frac{k}{n}\right)\theta^{k+1}(1 - \theta)^{n-k+1}\mathrm{d}\theta}{1 - p_0} \\
&= \frac{1}{1 - p_0} \sum_{k=c+1}^n \left(\frac{k}{n}\right)\mathrm{B}(1 + k, 1 + n - k)\left[1 - \mathrm{Be}_{p_0}(n - k + 1, k + 1)\right]
\end{aligned}$$

$$\tag{3.17}$$

同样,可以得到犯第二类错误均值为

$$\beta = P(O_n > 1 \mid p < p_0) = P(f \leqslant c \mid p < p_0)$$

$$= \frac{\int_0^{p_0} \sum_{k=0}^{c} \left(\frac{k}{n}\right) \theta^{k+1} (1-\theta)^{n-k+1} \mathrm{d}\theta}{\mathrm{Be}_{p_0}(0.5, 0.5)}$$

$$= \frac{1}{p_0} \sum_{k=0}^{c} \left(\frac{k}{n}\right) \mathrm{B}(1+k, 1+n-k) \mathrm{Be}_{p_0}(n-k+1, k+1) \qquad (3.18)$$

2) $\pi(\theta) \propto \theta(1-\theta)$

$$O_{n3} = \frac{1 - \mathrm{Be}_{p_0}(x+0.5, n-x+0.5)}{\mathrm{Be}_{p_0}(x+0.5, n-x+0.5)} \qquad (3.19)$$

$$\alpha = P(O_n < 1 \mid p \geqslant p_0) = P(f > c \mid p \geqslant p_0)$$

$$= \frac{\int_{p_0}^{1} \sum_{k=c+1}^{n} \left(\frac{k}{n}\right) \theta^{k+0.5} (1-\theta)^{n-k+0.5} \mathrm{d}\theta}{1 - \mathrm{Be}_{p_0}(0.5, 0.5)}$$

$$= \frac{1}{1 - \mathrm{Be}_{p_0}(0.5, 0.5)} \sum_{k=c+1}^{n} \left(\frac{k}{n}\right) \mathrm{B}(0.5+k, 0.5+n-k)$$

$$[1 - \mathrm{Be}_{p_0}(n-k+0.5, k+0.5)] \qquad (3.20)$$

$$\beta = P(O_n > 1 \mid p < p_0) = P(f \leqslant c \mid p < p_0)$$

$$= \frac{\int_0^{p_0} \sum_{k=0}^{c} \left(\frac{k}{n}\right) \theta^{k+0.5} (1-\theta)^{n-k+0.5} \mathrm{d}\theta}{\mathrm{Be}_{p_0}(0.5, 0.5)}$$

$$= \frac{1}{\mathrm{Be}_{p_0}(0.5, 0.5)} \sum_{k=0}^{c} \left(\frac{k}{n}\right) \mathrm{B}(0.5+k, 0.5+n-k)$$

$$\mathrm{Be}_{p_0}(n-k+0.5, k+0.5) \qquad (3.21)$$

3) $\pi(\theta)\theta(1-\theta)$

$$O_4 = \frac{\int_{p_0}^{1} \theta^{x+\theta} (1-\theta)^{n-x+1-\theta} \mathrm{d}\theta}{\int_0^{p_0} \theta^{x+\theta} (1-\theta)^{n-x+1-\theta} \mathrm{d}\theta} \qquad (3.22)$$

$$\alpha = P(O_n < 1 \mid p \geqslant p_0) = P(f > c \mid p \geqslant p_0)$$

$$= \frac{\int_{p_0}^{1} \sum_{k=c+1}^{n} \left(\frac{k}{n}\right) \theta^{\theta+k} (1-\theta)^{1-\theta+n-k} \mathrm{d}\theta}{\int_0^{1} \theta^{\theta} (1-\theta)^{1-\theta} \mathrm{d}\theta \int_{p_0}^{1} \theta^{\theta} (1-\theta)^{1-\theta} \mathrm{d}\theta}$$

$$= \frac{\sum_{k=c+1}^{n} \left(\frac{k}{n}\right) \int_{p_0}^{1} \theta^{\theta+k} (1-\theta)^{1-\theta+n-k} \mathrm{d}\theta}{\int_{0}^{1} \theta^{\theta} (1-\theta)^{1-\theta} \mathrm{d}\theta \int_{p_0}^{1} \theta^{\theta} (1-\theta)^{1-\theta} \mathrm{d}\theta} \qquad (3.23)$$

$$\beta = P(O_n > 1 \mid p < p_0) = P(f \leqslant c \mid p < p_0)$$

$$= \frac{\int_{0}^{p_0} \sum_{k=0}^{c} \left(\frac{k}{n}\right) \theta^{\theta+k} (1-\theta)^{1-\theta+n-k} \mathrm{d}\theta}{\int_{0}^{1} \theta^{\theta} (1-\theta)^{1-\theta} \mathrm{d}\theta \int_{0}^{p_0} \theta^{\theta} (1-\theta)^{1-\theta} \mathrm{d}\theta}$$

$$= \frac{\sum_{k=0}^{c} \left(\frac{k}{n}\right) \int_{0}^{p_0} \theta^{\theta+k} (1-\theta)^{1-\theta+n-k} \mathrm{d}\theta}{\int_{0}^{1} \theta^{\theta} (1-\theta)^{1-\theta} \mathrm{d}\theta \int_{0}^{p_0} \theta^{\theta} (1-\theta)^{1-\theta} \mathrm{d}\theta} \qquad (3.24)$$

试验方案确定涉及试验子样、允许失效数、二类风险等,也就是说在允许的二类风险下,根据不同的指标值确定试验所需的子样和允许失效数。对于无信息先验条件下的试验方案还涉及先验分布的选择。先验分布的选择,主要从先验分布的稳健性考虑。在满足检验条件的条件下,选择边缘密度大的先验分布,表 3.1 给出了不同条件下,常见指标的先验分布选择结果以及检验方案。

表 3.1　无信息先验下试验方案

p_0	n	$\pi(\theta)$	c	O_n	p_0	n	$\pi(\theta)$	c	O_n
0.8	7	$\pi_4(\theta)$	1	1.2864	0.9	14	$\pi_3(\theta)$	1	1.4515
	12	$\pi_4(\theta)$	2	1.2394		24	$\pi_4(\theta)$	2	1.0467
	17	$\pi_4(\theta)$	3	1.2085		34	$\pi_4(\theta)$	3	1.0446
	22	$\pi_4(\theta)$	4	1.1866		44	$\pi_4(\theta)$	4	1.0420
0.85	9	$\pi_4(\theta)$	1	1.0920	0.95	24	$\pi_3(\theta)$	1	1.0536
	16	$\pi_4(\theta)$	2	1.1489		44	$\pi_3(\theta)$	2	1.0471
	22	$\pi_4(\theta)$	3	1.0326		64	$\pi_3(\theta)$	3	1.0414
	29	$\pi_4(\theta)$	4	1.0752		84	$\pi_3(\theta)$	4	1.0372

3.2　有信息先验下的试验设计

3.2.1　先验分布参数的确定

对二项分布的先验分布一般取贝塔分布,表示如下:

$$\pi(\theta|x) = B(\theta, a, b) = \begin{cases} \dfrac{\Gamma(a+b)}{\Gamma(a)\Gamma(b)}\theta^{a-1}(1-\theta)^{b-1}, & 0 \leqslant \theta \leqslant 1 \\ 0, & \text{其他} \end{cases} \quad (3.25)$$

在式(3.25)中,a、b 为 θ 的分布参数。根据先验试验结果可以确定超参数 a、b。

假设在先验获得试验结果 (n,s),计算其点估计,如果失效数为 0,则使用置信度 50% 时的单侧置信下限作为其点估计值。

$$\begin{cases} \bar{p} = \dfrac{s}{n}, & s < n \\ \bar{p} = R_L(0.5, n, 0), & s = n \end{cases} \quad (3.26)$$

$$\sigma(\bar{p}) = \sqrt{\bar{p}(1-\bar{p})/n}$$

利用先验矩来确定超参数 a、b,分别令 p 的先验均值和方差等于 p 的先验分布 $B(a,b)$ 的期望和方差:

$$\begin{cases} \dfrac{a}{a+b} = \bar{p} \\ \dfrac{ab}{(a+b)^2(a+b+1)} = \sigma^2(\bar{p}) \end{cases} \quad (3.27)$$

从而可得

$$\begin{cases} a = \bar{p} \times \left[\dfrac{(1-\bar{p})\bar{p}}{\sigma^2(\bar{p})} - 1 \right] \\ b = (1-\bar{p}) \times \left[\dfrac{(1-\bar{p})\bar{p}}{\sigma^2(\bar{p})} - 1 \right] \end{cases} \quad (3.28)$$

在利用先验试验数据时,必须考虑两者试验条件和产品状态的差异性对参数分布的影响,否则将造成先验数据的误用。采用混合贝塔分布来描述先验分布,从而可以消除试验条件不一致造成的差异性。

$$\begin{aligned} \pi(\theta) &= \rho \frac{\Gamma(a+b)}{\Gamma(a)\Gamma(b)}\theta^{a-1}(1-\theta)^{b-1} + (1-\rho) \\ &= \frac{\rho}{B(a,b)}\theta^{a-1}(1-\theta)^{b-1} + (1-\rho) \end{aligned} \quad (3.29)$$

在式(3.29)中,ρ 称为相似性因子,反映了两次试验之间试验条件的相似程度以及产品的变化情况。混合贝塔先验分布的使用是对经典统计方法和传统贝叶斯方法的合理折中。既克服了传统统计方法没有利用先验信息的弊端,同时克服了由于试验条件和产品状态不一致造成的先验信息的误用。当两次试验产品没有改变或改变较小时,ρ 取较大值;当两次试验产品改变较大时,ρ 取较小

32

值。图3.6给出了先验分布随相似性因子变化情况,图3.7给出了后验分布随相似性因子变化情况,从中可以看出,相似性因子对先验、后验分布的影响较大,当相似性因子取1时,是传统贝叶斯方法;当相似性因子取0时,是无信息先验情况下的贝叶斯方法。通过相似性因子的选择,可以反映两者的差异性,从而使先验数据能够合理地应用在试验中。

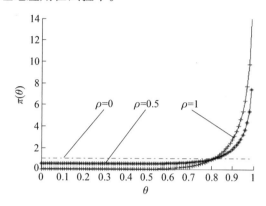

图3.6 先验分布随相似性因子变化情况

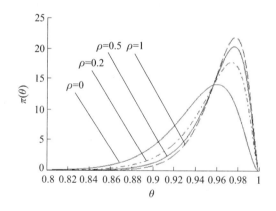

图3.7 后验分布随相似性因子变化情况

3.2.2 影响因素分析及相似性因子获取

3.2.2.1 影响因素分析

影响试验结果差异性的因素主要包括产品状态和试验条件。为了全面确定相似性因子 ρ 的影响因素,在理论分析的基础上,通过采取专家问卷调查的方法,确定了相似性因子 ρ 的影响因素,如表3.2所列。

表 3.2　相似性因子 ρ 的影响因素

状态		差 异 性
试验条件	作用目标	主要考虑两次试验作用目标特性差别大小,对于地面作用可靠性,主要考虑地面的状况的差异性;对于钢板目标主要考虑钢板材料一致性等
	设备条件	主要考虑参试设备与国军标、相关标准以及靶场设备的一致性
	现场条件	主要考虑现场弹药准备条件、设施设备、场地等条件的一致性
产品状态	固化程度	主要考虑产品的结构是否调整以及对产品作用可靠性影响
	加工能力	主要考虑生产加工能力对产品质量的影响
	继承性	主要考虑产品是否为系列产品或在类似产品基础上的改进产品

　　试验条件主要包括作用目标、设备条件、现场条件。对于不同的试验项目,其影响因素不尽相同,下面主要对步兵榴弹正常作用率试验中的影响要素进行分析。正常作用率试验包括勤务性能、湿热、高温、低温、常温。作用目标就是作用目标特性的差异性,主要体现在不同地面的差异性。作用地面的差异性就是中硬地面、松土地面和山石地面。地理环境的不同,导致不同地区的地面差别较大,如南方雨季的地面与北方冬季的地面对产品作用性能的影响差别很大;山石地面中石块的大小、圆滑程度对弹药作用瞬间的可靠性影响也很大。设备条件主要体现在设备的性能能否满足测试要求。试验保障条件看起来不重要,其实这是影响试验结果不一致的重要原因。如对于高低温试验,当保温地点与试验点之间距离较远,且没有必要的温度保障设备,往往出现弹药运送到现场发射时,温度波动很大,因此往往不能反映极端条件下产品的性能。

　　产品状态包括产品继承性、研制单位生产加工能力和产品结构的固化程度。产品继承性主要考虑产品是系列化产品还是改进型产品;生产加工能力主要考虑其生产加工能力对产品质量稳定性的影响。如果研制单位加工能力强,且生产过类似产品,那么其产品的质量稳定性较强;否则如果生产的产品大部分是科研人员手工装配,且是其新开发的产品,那么其产品的质量稳定性较弱。在产品试验过程中,若出现部分指标未满足要求的情况,在对产品进行部分调整后,只是进行了部分验证试验,未进行相应的系统试验,可能导致某些问题没能暴露。

3.2.2.2　相似性因子获取

　　相似性因子对检验方案的确定和性能参数评估起着非常重要的作用。从上面的分析可以看出,完全准确确定其取值是不现实的,首先确定不同因素的取值范围,再根据具体产品确定取值。不同因素取值范围的确定实质上就是确定不同因素在整个相似性因子中所占比例,可以采用层次分析法。层次分析法是应用比较广泛、理论背景比较雄厚、成果比较明显的一种方法,它是美国运筹学家萨迪在20世纪70年代提出来的,是一种定量与定性分析相结合的多目标分析方法。

下面以步兵榴弹正常作用率试验为例进行分析。产品状态对不同项目相似性因子的影响是一致的。由于研制单位对不同试验条件的保障能力是有差异的,如研制单位对常温的保障能力要优于高低温,因此必须区分不同条件下的相似性因子取值范围。步兵榴弹正常作用率试验包括勤务性能、湿热、中硬地面(高温、低温和常温)、山石地面(高温、低温和常温)、松土地面(高温、低温和常温)11个项目。某些试验条件的差异性影响基本一致,根据试验条件对不同试验项目的影响程度,将其分为作用目标占主要因素、作用目标和试验设备占主要因素、作用目标、试验设备和现场条件占主要因素三类,以提高试验过程中的可操作性。作用目标占主要因素是指试验设备要求简单,现场条件易于控制,试验条件主要受作用目标的影响,包括常温中硬地面和常温特殊地面;作用目标和试验设备占主要因素是指现场条件易于控制,试验条件主要受试验设备和作用目标的影响,包括勤务性能试验;作用目标、试验设备和现场条件占主要因素是指试验设备要求较高,现场条件需要专门控制的试验项目,包括湿热、高低温中硬地面、高低温特殊地面,如表 3.3 所列。通过对不同影响因素分析,确定对比矩阵,计算单位特征向量,一致性指标,并进行归整处理,相应可以得到相似性因子 ρ 的取值范围,如表 3.4 所列。

表 3.3 试验项目归类表

分 类	试验项目	说 明
作用目标占主要因素(简称 I 类项目)	常温中硬地面和常温特殊地面	常温条件易于满足,试验条件的差异性主要体现在作用目标的差异性
作用目标和试验设备占主要因素(简称 II 类项目)	勤务性能试验	常温条件易于满足,试验条件的差异性主要体现试验中使用的振动、跌落、浸水设备以及作用目标的差异性
作用目标、试验设备和现场条件占主要因素(简称 III 类项目)	湿热、高低温中硬地面、高低温特殊地面	试验条件的差异性主要体现在环境应力施加阶段使用的设备、发射前弹药条件的保障以及作用目标的差异性

为了确定具体试验的相似性因子值,试验条件和产品状态的一致性评价集:好(1),较好(3/4),一般(1/2),较差(1/4),差(0)。这样就可以得到不同试验项目的相似性因子。

表 3.4 相似性因子 ρ 的取值范围

影响因素	试验项目	I 类项目	II 类项目	III 类项目
试验条件	作用目标	0.10	0.10	1/12
	设备条件	0.03	0.10	1/12
	现场条件	0.03	0.02	1/12
产品状态	固化程度	0.28	0.26	1/4
	加工能力	0.28	0.26	1/4
	继承性	0.28	0.26	1/4

3.2.3 后验分布的计算以及检验模型

当考虑两次试验的差异性时,后验分布为

$$\pi(\theta\mid x)=\frac{(1-\rho)\theta^{x}(1-\theta)^{n-x}+\rho\dfrac{\theta^{a+x-1}(1-\theta)^{b+n-x-1}}{B(a,b)}}{(1-\rho)B(x+1,n-x+1)+\rho\dfrac{B(a+x,b+n-x)}{B(a,b)}} \qquad(3.30)$$

对于如下统计假设:

$$H_0:p\geqslant p_0,\quad H_1:p<p_0$$

令 $\Theta_0=\{p:p\geqslant p_0\}$,$\Theta_1=\{p:p<p_0\}$,则 $\Theta_0\cup\Theta_1=\Theta,\Theta_0\cap\Theta_1=\varnothing$。对于 I. I. D 样本 $x_1,x_2,\cdots,x_n$,似然函数在 Θ_0、Θ_1 上的后验加权比为

$$O_n=\frac{\displaystyle\int_{\Theta_0}\pi(\theta\mid x)\mathrm{d}\theta}{\displaystyle\int_{\Theta_1}\pi(\theta\mid x)\mathrm{d}\theta}=\frac{\displaystyle\int_{\Theta_0}L(x\mid\theta)\mathrm{d}F^{\pi}(\theta)}{\displaystyle\int_{\Theta_1}L(x\mid\theta)\mathrm{d}F^{\pi}(\theta)}$$

$$=\frac{\displaystyle\int_{p_0}^{1}\frac{(1-\rho)\theta^{x}(1-\theta)^{n-x}+\rho\dfrac{\theta^{a+x-1}(1-\theta)^{b+n-x-1}}{B(a,b)}}{(1-\rho)B(x+1,n-x+1)+\rho\dfrac{B(a+x,b+n-x)}{B(a,b)}}}{\displaystyle\int_{0}^{p_0}\frac{(1-\rho)\theta^{x}(1-\theta)^{n-x}+\rho\dfrac{\theta^{a+x-1}(1-\theta)^{b+n-x-1}}{B(a,b)}}{(1-\rho)B(x+1,n-x+1)+\rho\dfrac{B(a+x,b+n-x)}{B(a,b)}}}$$

$$=\frac{\displaystyle\int_{p_0}^{1}(1-\rho)\theta^{x}(1-\theta)^{n-x}+\rho\dfrac{\theta^{a+x-1}(1-\theta)^{b+n-x-1}}{B(a,b)}}{\displaystyle\int_{0}^{p_0}(1-\rho)\theta^{x}(1-\theta)^{n-x}+\rho\dfrac{\theta^{a+x-1}(1-\theta)^{b+n-x-1}}{B(a,b)}}$$

$$= \frac{(1-\rho)B(a,b)B(x,n-x)(1 - Be_{p_0}(x,n-x)) + \rho B(a+x,b+n-x)(1 - Be_{p_0}(a+x,b+n-x))}{(1-\rho)B(a,b)B(x,n-x)Be_{p_0}(x,n-x) + \rho B(a+x,b+n-x)Be_{p_0}(a+x,b+n-x)}$$

$$(3.31)$$

当 $O_n < 1$ 时,接受 H_1;当 $O_n > 1$ 时,接受 H_0。

相应地,对于不同的试验方案,两类风险分别为

$$\alpha = P(O_n < 1 \mid p \geqslant p_0) = P(f > c \mid p \geqslant p_0) = \frac{\int_{p_0}^1 \sum_{k=c+1}^n \binom{k}{n} \theta^k (1-\theta)^{n-k} \mathrm{d}F^\pi(\theta)}{\int_{p_0}^1 \mathrm{d}F^\pi(\theta)}$$

$$= \frac{\sum_{k=c+1}^n \binom{k}{n} \dfrac{\rho B(a+k,b+n-k)}{B(a,b)} [1 - Be_{p_0}(a+k,b+n-k)] + B(k,n-k)[1 - Be_{p_0}(k,n-k)]}{\rho[1 - Be_{p_0}(a,b)] + (1-\rho)(1-p_0)}$$

$$(3.32)$$

$$\beta = P(O_n > 1 \mid p < p_0) = P(f \leqslant c \mid p < p_0) = \frac{\int_0^{p_0} \sum_{k=0}^c \binom{k}{n} \theta^k (1-\theta)^{n-k} \mathrm{d}F^\pi(\theta)}{\int_0^{p_0} \mathrm{d}F^\pi(\theta)}$$

$$= \frac{\sum_{k=0}^c \binom{k}{n} \dfrac{\rho B(a+k,b+n-k)}{B(a,b)} Be_{p_0}(a+k,b+n-k) + B(k,n-k)Be_{p_0}(k,n-k)}{\rho Be_{p_0}(a,b) + (1-\rho)p_0}$$

$$(3.33)$$

3.2.4 后验稳健性分析

在无信息先验分布 $\pi(\theta \mid x)$ 选定时,是根据子样的边缘密度 $m(x \mid \pi)$ 的大小进行确定。按这种思想,可以构造一个检验准则,用以验证 $\pi(\theta \mid x)$ 作为先验分布的稳健性。

$$m(x \mid \pi(\theta)) = \int_0^1 \mid \pi(\theta) C_n^x \theta^x (1-\theta)^{n-x} \mathrm{d}\theta$$

$$= C_n^x \int_0^1 \frac{\rho}{B(a,b)} \theta^{x+a-1} (1-\theta)^{n-x+b-1} + (1-\rho)\theta^x (1-\theta)^{n-x} \mathrm{d}\theta$$

$$= C_n^x \left[\frac{\rho B(x+a,n-x+b)}{B(a,b)} + (1-\rho)B(x,n-x) \right] \quad (3.34)$$

当进行了 n 次试验,x 取值小于 M 的概率为

$$P(x < M \mid \pi(\theta)) = \int_0^M C_n^x \left[\frac{\rho B(x+a,n-x+b)}{B(a,b)} + (1-\rho)B(x,n-x) \right]$$

37

$$= \frac{\rho}{B(a,b)} \sum_{x=0}^{M} C_n^x B(x+a, n-x+b) + (1-\rho) \sum_{x=0}^{M} C_n^x B(x, n-x)$$

$$(3.35)$$

令上述概率为 $1-\alpha$，于是当给定显著性水平 α 之下，计算出 M，如果 n 次试验，失效数小于 M，则认为先验分布 $\pi(\theta \mid x)$ 为 $1-\alpha$ 稳健，否则认为 $\pi(\theta \mid x)$ 在显著性水平 α 之下不是稳健的。

3.3 有先验信息下的 SPOT 试验设计

当试验子样、试验消耗与试验的成本密切相关或者安全风险较高时，要在尽可能小的子样下进行统计推断，可行的方法是采用序贯检验方法。常用的序贯的检验方法是 A. Wald 提出的序贯概率比检验（Sequential Probability Ratio Test, SPRT）。这种方法（特别是截尾 SPRT 方法）的平均试验次数较之经典的检验方法要少。但是由于这种方法对先验信息没有考虑，试验次数仍然比较大。序贯验后加权检验（Sequential Posterior Odd Test, SPOT）方法则将先验信息应用于试验方案设计中，可以在满足试验要求的条件下进一步减少试验子样。

3.3.1 基本方法

3.3.1.1 SPOT 方法

设参数空间为 Θ，对于如下统计假设：

$H_0 : \theta \in \Theta_0 , \quad H_1 : \theta \in \Theta_1$

其中对 $\forall \theta_0 \in \Theta_0$，$\forall \theta_1 \in \Theta_1$ 都满足 $\theta_0 < \theta_1$；且 $\Theta_0 \cup \Theta_1 = \Theta, \Theta_0 \cap \Theta_1 = \varnothing$。对于 I. I. D 样本 $(X_1, X_2, \cdots, X_n)$，作似然函数在 Θ_0、Θ_1 上的后验加权比

$$O_n = \frac{\int_{\Theta_1} \pi(\theta \mid X) \mathrm{d}\theta}{\int_{\Theta_0} \pi(\theta \mid X) \mathrm{d}\theta} = \frac{\int_{\Theta_1} \left[\prod_{i=1}^{n} f(X_i \mid \theta) \right] \mathrm{d}F^\pi(\theta)}{\int_{\Theta_0} \left[\prod_{i=1}^{n} f(X_i \mid \theta) \right] \mathrm{d}F^\pi(\theta)}$$

$$= \frac{\int_{\Theta_1} L(X \mid \theta) \mathrm{d}F^\pi(\theta)}{\int_{\Theta_0} L(X \mid \theta) \mathrm{d}F^\pi(\theta)} \qquad (3.36)$$

其中 $F^\pi(\theta)$ 为 θ 的先验分布函数。引入常数 A、$B(0 < A < 1 < B)$，运用以下检验规则：

当 $O_n \leqslant A$，终止试验，采纳假设 H_0；

当 $O_n \geqslant B$，终止试验，采纳假设 H_1；

当 $A < O_n < B$,继续下一次试验,此时不作决策。

在样本空间 R_n 中,H_0 被采纳的点 $X_1, X_2, \cdots, X_n$ 满足 $O_n \leq A$,即

$$\int_{\theta \in \Theta_1} L(X \mid \theta) \mathrm{d}F^{\pi}(\theta) \leq A \int_{\theta \in \Theta_0} L(X \mid \theta) \mathrm{d}F^{\pi}(\theta) \qquad (3.37)$$

其中 $L(X \mid \theta)$ 为似然函数,$X = (X_1, X_2, \cdots, X_n)$,记

$$D_n = \{X : O_n \leq A\}$$

将式(3.37)两边在 D_n 上积分,则有

$$\int_{D_n} \left[\int_{\theta \in \Theta_1} L(X \mid \theta) \mathrm{d}F^{\pi}(\theta) \right] \mathrm{d}X \leq A \int_{D_n} \left[\int_{\theta \in \Theta_0} L(X \mid \theta) \mathrm{d}F^{\pi}(\theta) \right] \mathrm{d}X \quad (3.38)$$

根据 Fubini 定理,交换积分次序则有

$$\int_{\theta \in \Theta_1} \left[\int_{D_n} L(X \mid \theta) \mathrm{d}X \right] \mathrm{d}F^{\pi}(\theta) \leq A \int_{\theta \in \Theta_0} \left[\int_{D_n} L(X \mid \theta) \mathrm{d}X \right] \mathrm{d}F^{\pi}(\theta) \quad (3.39)$$

式(3.39)左端括号的项 $\int_{D_n} L(X \mid \theta) \mathrm{d}X$,$\theta \in \Theta_1$,表示当 $\theta \in \Theta_1$ 为真时采纳 H_0 的概率,也就是采伪概率 $\beta(\theta)$,而 θ 的先验分布为 $F^{\pi}(\theta)$,因此式(3.39)左端表示考虑了 θ 的先验分布时的采伪概率(即关于 $\beta(\theta)$ 的条件均值),记为 $\beta_{\pi 1}$,则

$$\beta_{\pi 1} = \int_{\theta \in \Theta_1} \beta(\theta) \mathrm{d}F^{\pi}(\theta) \qquad (3.40)$$

式(3.39)右端括号的项 $\int_{D_n} L(X \mid \theta) \mathrm{d}X$,$\theta \in \Theta_0$,表示当 $\theta \in \Theta_0$ 为真时采纳 H_0 的概率,于是 $\int_{\theta \in \Theta_0} \left[\int_{D_n} L(X \mid \theta) \mathrm{d}X \right] \mathrm{d}F^{\pi}(\theta)$ 表示考虑先验信息时当 $\theta \in \Theta_0$ 为真采纳的概率 H_0。则考虑了先验信息时的拒真概率为

$$\int_{\theta \in \Theta_0} \mathrm{d}F^{\pi}(\theta) - \int_{\theta \in \Theta_0} \left[\int_{D_n} L(X \mid \theta) \mathrm{d}X \right] \mathrm{d}F^{\pi}(\theta)$$

$$= \int_{\theta \in \Theta_0} \left[\int_{R_n - D_n} L(X \mid \theta) \mathrm{d}X \right] \mathrm{d}F^{\pi}(\theta)$$

$$> \int_{\theta \in \Theta_0} \left[\int_{O_n \geq B_n} L(X \mid \theta) \mathrm{d}X \right] \mathrm{d}F^{\pi}(\theta) \triangleq \alpha_{\pi 0} \qquad (3.41)$$

考虑先验信息时的弃真概率为 $\alpha_{\pi 0}$,则

$$\int_{\theta \in \Theta_0} \left[\int_{D_n} L(X \mid \theta) \mathrm{d}X \right] \mathrm{d}F^{\pi}(\theta) < \int_{\theta \in \Theta_0} \mathrm{d}F^{\pi}(\theta) - \alpha_{\pi 0} \qquad (3.42)$$

因此

$$\beta_{\pi 1} \leq A \left[\int_{\theta \in \Theta_0} \mathrm{d}F^{\pi}(\theta) - \alpha_{\pi 0} \right] \qquad (3.43)$$

即

$$A \geqslant \frac{\beta_{\pi 1}}{\int\limits_{\theta \in \Theta_0} \mathrm{d}F^{\pi}(\theta) - \alpha_{\pi 0}} \tag{3.44}$$

同理

$$B \leqslant \frac{\int\limits_{\theta \in \Theta_1} \mathrm{d}F^{\pi}(\theta) - \beta_{\pi 1}}{\alpha_{\pi 0}} \tag{3.45}$$

根据 A. Wald 原则,可以取

$$\begin{cases} A = \dfrac{\beta_{\pi 1}}{P_{H_0} - \alpha_{\pi 0}} \\[3mm] B = \dfrac{P_{H_1} - \beta_{\pi 1}}{\alpha_{\pi 0}} \\[3mm] P_{H_0} = \int\limits_{\theta \in \Theta_0} \mathrm{d}F^{\pi}(\theta) \\[3mm] P_{H_1} - 1 - P_{H_0} \end{cases} \tag{3.46}$$

3.3.1.2 截尾 SPOT 方案

对于 SPOT 方案,如果在 $N-1$ 次试验之后,仍未做出决策,那么在 N 次试验之后,将继续试验区分割为两个区域:

$$D_1 = \{X:A < O_n \leqslant C\}, \quad D_2 = \{X:C < O_n < B\}$$

当子样 X 落在 D_1 时,采纳 H_0;而当 X 落入 D_2 时,采纳 H_1。这样在第 N 次试验之后必定要终止试验,并做出决策,记此序贯方案为 T_N。由于截尾方案可以是多种多样的,方案的好坏在于它的 OC 函数,而对于 SPOT 方案来说,由于 O_N 的分布难于一般的确定,因此计算其 OC 函数是困难的。在实际的工程应用中就是给出 T_N 的犯两类错误的概率的上界(记作 α_N、β_N),如果确定出上界在允许的范围内,那么截尾方案 T_N 是可以被采纳的。

记 $G_{(N)}^0$ 为 R_N 中的事件,它表示在检验方案 T_N 中采纳 H_0 的事件,$G_{(N)}^1$ 为 R_N 中的事件,它表示在检验方案 T_N 中采纳 H_1 的事件,则有

$$G_{(N)}^0 \cup G_{(N)}^1 = R_N, G_{(N)}^0 \cap G_{(N)}^1 = \varnothing \tag{3.47}$$

于是

$$P(G_{(N)}^1 \mid H_0) = \alpha_N \tag{3.48}$$

记 G^0、G^1 分别表示在非截尾的 SPOT 方案中采纳 H_0 和 H_1 的事件,则有

$$P(G^1 \mid H_0) = \alpha \tag{3.49}$$

40

式中:α 为非截尾的 SPOT 方案的犯第一类错误的概率。

令 G^{1*} 为在截尾情况下采纳 H_1,在非截尾情况下不采纳 H_1,于是

$$G^1_{(N)} \subset (G^1 \cup G^{1*}) \qquad (3.50)$$

令 I 为 R_∞ 中使 $C < O_n < B$ 成立的事件,于是

$$\begin{cases} G^{1*} \subset I \\ G^1_{(N)} \subset (G^1 \cup I) \end{cases} \qquad (3.51)$$

而

$$\begin{aligned} \alpha_N &= P(G^1_{(N)} \mid H_0) < P(G^1 \cup I \mid H_0) \\ &= P(G^1 \mid H_0) + P(I \mid H_0) \\ &= \alpha + P(C < O_n < B \mid H_0) \end{aligned} \qquad (3.52)$$

考虑到 θ 的先验分布为 $F^\pi(\theta)$,则此时的犯第一类错误的概率(即 α_N 的关于 θ 的条件均值)为

$$\alpha_{N\pi_0} \triangleq \int_{\theta \in \Theta_0} \alpha_N \mathrm{d}F^\pi(\theta) \qquad (3.53)$$

两边关于 $\mathrm{d}F^\pi(\theta)$ 在 Θ_0 上积分,于是有

$$\alpha_{N\pi_0} < \int_{\theta \in \Theta_0} \alpha \mathrm{d}F^\pi(\theta) + \int_{\theta \in \Theta_0} P(C < O_n < B \mid H_0) \mathrm{d}F^\pi(\theta) \triangleq \alpha_{\pi_0} + \Delta\bar{\alpha}_{N\pi_0}$$

$$\alpha_{\pi_0} = \int_{\theta \in \Theta_0} \alpha \mathrm{d}F^\pi(\theta) \Delta\bar{\alpha}_{N\pi_0} = \int_{\theta \in \Theta_0} P(C < O_n < B \mid H_0) \mathrm{d}F^\pi(\theta)$$

$$(3.54)$$

式中:$\Delta\bar{\alpha}_{N\pi_0}$ 为截尾 SPOT 方案对于非截尾 SPOT 方案的犯第一类错误的概率(条件均值)的增量的上界。

同样地,有

$$\begin{cases} \beta_{N\pi_1} < \beta_{\pi_1} + \Delta\bar{\beta}_{N\pi_0}, \beta_{N\pi_1} = \int_{\theta \in \Theta_1} \beta_N \mathrm{d}F^\pi(\theta) \\ \beta_{\pi_1} = \int_{\theta \in \Theta_1} \beta \mathrm{d}F^\pi(\theta) \\ \Delta\bar{\beta}_{N\pi_0} = \int_{\theta \in \Theta_1} P(A < O_n \leqslant C \mid \theta \in \Theta_1) \mathrm{d}F^\pi(\theta) \end{cases} \qquad (3.55)$$

3.3.2 二项分布总体未知参数的 SPOT 检验方法

3.3.2.1 二项分布未知参数的 SPOT 方法

对于二项分布 $x \sim b(n,p)$,选取 p 的先验分布为贝塔分布 $Be(\alpha_\pi, \beta_\pi)$,即

$$\pi(p) = \frac{\Gamma(\alpha_\pi + \beta_\pi)}{\Gamma(\alpha_\pi) + \Gamma(\beta_\pi)} p^{\alpha_\pi - 1} (1-p)^{\beta_\pi - 1} \qquad (3.56)$$

其后验分布仍是贝塔分布 $Be(\alpha_1, \beta_1)$

$$\pi(p) = \frac{\Gamma(\alpha_1 + \beta_1)}{\Gamma(\alpha_1) + \Gamma(\beta_1)} p^{\alpha_1 - 1} (1-p)^{\beta_1 - 1} \qquad (3.57)$$

其中

$$\begin{cases} \alpha_1 = \alpha_\pi + x \\ \beta_1 = \beta_\pi + n - x \end{cases}$$

建立如下统计假设:

$$H_0 : p < p_0, \quad H_1 : p \geqslant p_0$$

令 $\Theta_0 = \{p : p < p_0\}, \Theta_1 = \{p : p \geqslant p_0\}$,则 $\Theta_0 \cup \Theta_1 = \Theta, \Theta_0 \cap \Theta_1 = \varnothing$。于是

$$
\begin{aligned}
O_n &= \frac{\int_{\Theta_1} \pi(p \mid X) \mathrm{d}p}{\int_{\Theta_0} \pi(p \mid X) \mathrm{d}p} = \frac{\int_{p_0}^{1} p^{\alpha_\pi + X - 1} (1-p)^{\beta_\pi + n - X - 1} \mathrm{d}p}{\int_{0}^{p_0} p^{\alpha_\pi + X - 1} (1-p)^{\beta_\pi + n - X - 1} \mathrm{d}p} \\
&= \frac{\int_{p_0}^{1} p^{\alpha_1 - 1} (1-p)^{\beta_1 - 1} \mathrm{d}p}{\int_{0}^{p_0} p^{\alpha_1 - 1} (1-p)^{\beta_1 - 1} \mathrm{d}p} = \frac{B(\alpha_1, \beta_1) - \int_{0}^{p_0} p^{\alpha_1 - 1} (1-p)^{\beta_1 - 1} \mathrm{d}p}{\int_{0}^{p_0} p^{\alpha_1 - 1} (1-p)^{\beta_1 - 1} \mathrm{d}p}
\end{aligned}
$$

$$(3.58)$$

式中:$B(\alpha, \beta)$ 表示贝塔函数 $\int_{0}^{p_0} p^{\alpha_1 - 1} (1-p)^{\beta_1 - 1} \mathrm{d}p$,记 $B_{p_0}(\alpha, \beta) = \int_{0}^{p_0} p^{\alpha_1 - 1} (1-p)^{\beta_1 - 1} \mathrm{d}p$ 表示不完全贝塔函数,则

$$O_n = \frac{B(\alpha_1, \beta_1) - B_{p_0}(\alpha_1, \beta_1)}{B_{p_0}(\alpha_1, \beta_1)} = \frac{1 - Be_{p_0}(\alpha_1, \beta_1)}{Be_{p_0}(\alpha_1, \beta_1)} \qquad (3.59)$$

式中:$Be_{p_0}(\alpha_1, \beta_1) = \frac{\Gamma(\alpha_1 + \beta_1)}{\Gamma(\alpha_1) + \Gamma(\beta_1)} \int_{0}^{p_0} p^{\alpha_1 - 1} (1-p)^{\beta_1 - 1} \mathrm{d}p$ 表示服从于参数为 (α, β) 的贝塔分布的变量小于 p_0 的概率。

p 的先验边缘密度为

$$\pi(p) = \frac{\Gamma(\alpha_\pi + \beta_\pi)}{\Gamma(\alpha_\pi) + \Gamma(\beta_\pi)} p^{\alpha_\pi - 1} (1-p)^{\beta_\pi - 1} \qquad (3.60)$$

由此,可以计算

$$P_{H_0} = \int_{\theta \in \Theta_0} \mathrm{d}F^\pi(p) = Be_{p_0}(\alpha_\pi, \beta_\pi), \quad P_{H_1} - 1 - P_{H_0} = 1 - Be_{p_0}(\alpha_\pi, \beta_\pi)$$

$$(3.61)$$

则二项分布未知参数 p 的 SPOT 方案如下：

取定犯两类错误的概率 α_{π_0}、β_{π_1}，使之满足

$$\alpha_{\pi_0} < P_{H_0}, \beta_{\pi_1} < P_{H_1}$$

计算

$$A = \frac{\beta_{\pi_1}}{P_{H_0} - \alpha_{\pi_0}} \text{和} B = \frac{P_{H_1} - \beta_{\pi_1}}{\alpha_{\pi_0}}$$

在每次试验后，计算 O_n：

$$O_n = \frac{1 - Be_{p_0}(\alpha_1, \beta_1)}{Be_{p_0}(\alpha_1, \beta_1)} \tag{3.62}$$

当 $O_n \leqslant A$，终止试验，采纳假设 H_0；

当 $O_n \geqslant B$，终止试验，采纳假设 H_1；

当 $A < O_n < B$，继续下一次试验，此时不做决策。

3.3.2.2　二项分布未知参数的截尾 SPOT 方法

截尾的 SPOT 方案 T_N 只需在 A、B 之间嵌入 C 即可，此时需要对犯两类错误概率的上限进行计算。

$$P(C < O_n < B | p, p \in \Theta_0) = P$$
$$(0 < O_n < B | p, p \in \Theta_0) - P(0 < O_n < C | p, p \in \Theta_0) \tag{3.63}$$

式（3.63）第一项为

$$P(0 < O_n < B | p, p \in \Theta_0) = P\left(0 < \frac{1 - Be_{p_0}(\alpha_1, \beta_1)}{Be_{p_0}(\alpha_1, \beta_1)} < B | p, p \in \Theta_0\right)$$

$$= p\left\{ \int_0^{p_0} \frac{\Gamma(\alpha_1 + \beta_1)}{\Gamma(\alpha_1) + \Gamma(\beta_1)} p^{\alpha_1 - 1}(1 - p)^{\beta_1 - 1} \mathrm{d}p > \frac{1}{B + 1} | p, p \in \Theta_0 \right\}$$

$$= p\left\{ \int_0^{p_0} \frac{\Gamma(\alpha_\pi + \beta_\pi + N)}{\Gamma(\alpha_\pi + N) + \Gamma(\beta_\pi + N - X)} \right.$$

$$\left. p^{\alpha_\pi + X - 1}(1 - p)^{\beta_\pi + N - X - 1} \mathrm{d}p > \frac{1}{B + 1} | p, p \in \Theta_0 \right\} \tag{3.64}$$

记 $h(X) = \int_0^{p_0} \frac{\Gamma(\alpha_\pi + \beta_\pi + N)}{\Gamma(\alpha_\pi + N) + \Gamma(\beta_\pi + N - X)} p^{\alpha_\pi + X - 1}(1 - p)^{\beta_\pi + N - X - 1} \mathrm{d}p$ 其中 (α_N, β_N, N) 已知，则 $h(X)$ 是关于 X 的单调不增函数，于是可以求得不等式 $h(X) > 1/(B + 1)$ 的解为

$$X < h^{-1}\left(\frac{1}{B + 1}\right) \tag{3.65}$$

记 $M_b = \left[h^{-1}\left(\frac{1}{B + 1}\right) \right]$，则

$$P(0 < O_n < B | p, p \in \Theta_0) = P(0 < X < M_b | p, p \in \Theta_0) \tag{3.66}$$

同样,可以求得

$$P(0 < O_n < C | p, p \in \Theta_0) = P\left(0 < X < h^{-1}\left(\frac{1}{C+1}\right) | p, p \in \Theta_0\right) \quad (3.67)$$

记 $M_c = \left[h^{-1}\left(\frac{1}{C+1}\right)\right]$,则

$$P(0 < O_n < C | p, p \in \Theta_0) = P(0 < X < M_c | p, p \in \Theta_0) \quad (3.68)$$

于是,得到

$$P(C < O_n < B | p, p \in \Theta_0) = P(M_c < X < M_b | p, p \in \Theta_0) \quad (3.69)$$

又已知 $X \sim b(N, p)$,于是有

$$P(C < O_n < B | p, p \in \Theta_0) = \sum_{k=M_c+1}^{M_b} \left(\frac{k}{N}\right) p^k (1-p)^{N-k} \quad (3.70)$$

这样,可以得到犯第一类错误的增量上界为

$$\Delta \bar{\alpha}_{N\pi_0} = \int_0^{p_0} P(C < O_n < B | p, p \in \Theta_0) \mathrm{d}F^{\pi}(p)$$

$$= \frac{\Gamma(\alpha_{\pi} + \beta_{\pi})}{\Gamma(\alpha_{\pi}) + \Gamma(\beta_{\pi})} \sum_{k=M_c+1}^{M_b} \left(\frac{k}{N}\right) \int_0^{p_0} p^{\alpha_{\pi}+k-1}(1-p)^{\beta_{\pi}+N-k-1} \mathrm{d}p$$

$$(3.71)$$

同样,可以得到犯第二类错误的增量上界为

$$\Delta \bar{\beta}_{N\pi_1} = \int_{p_0}^1 P(A < O_n < C | p, p \in \Theta_1) \mathrm{d}F^{\pi}(p)$$

$$= \frac{\Gamma(\alpha_{\pi} + \beta_{\pi})}{\Gamma(\alpha_{\pi}) + \Gamma(\beta_{\pi})} \sum_{k=M_a+1}^{M_c} \left(\frac{k}{N}\right) \int_{p_0}^1 p^{\alpha_{\pi}+k-1}(1-p)^{\beta_{\pi}+N-k-1} \mathrm{d}p$$

$$(3.72)$$

其中 $M_a = \left[h^{-1}\left(\frac{1}{A+1}\right)\right]$。

3.4　基于生产过程信息的试验设计与评估

3.4.1　先验信息相容性分析

3.4.1.1　先验信息相容性分析思路
贝叶斯方法应用先验信息的前提是先验信息应该能够反映性能参数的统计特性,即要求先验信息和现场试验信息近似服从同一总体,这就需要对先验信息和现场信息进行相容性检验。常规的检验方法有 Kolmogorov – Smirnov 检验、Wilcoxon 秩和检验、置信区间和假设检验等,这些方法首要前提是必须获得现场

信息,然而对于试验设计而言,需要在现场试验之前确定试验方案,因此采用上面的方法无法进行相容性检验。

现代质量控制理论与实践表明,产品的质量是由生产过程的质量来保证。如果生产过程是稳定的,生产能力能够满足设计要求,那么产品的质量将是稳定的,交验数据将在一定程度上反映产品性能。相容性检验首先是产品的生产能力能够满足要求,可以通过生产过程能力检验进行;其次是产品交验数据与现场数据满足统计意义上的相容,可以在现场试验之后进行。

生产能力检验是结合具体的产品,针对产品生产过程,运用统计手段,对产品的实际加工质量检验,以判断其生产过程能否满足产品的质量要求,主要包括生产稳定性检验和生产过程能力检验。生产稳定性检验是运用统计过程控制技术,采用休哈特控制图描述过程输出质量特性的波动状况,从而判断其质量输出过程是否稳定,只有输出质量达到稳定,产品的质量波动才能小,从而使产品质量更容易满足指标要求。对于稳态下的生产过程,过程的固有波动是否具有满足过程要求的能力需要进行生产过程能力检验。生产过程能力检验也就是工序能力检验。一个产品涉及上百个零件、近千道工序,不可能对每个零件、每道工序进行生产能力评估,而且也没有必要。根据制造过程的相似性,将不同零件加工过程分组,按成组过程构造样本,从而确定出能够反映生产能力水平的工序进行评定。利用相似工程的原理,构造成组过程,把成组过程作为统计的对象来研究过程的变异。所谓"成组过程"是具有广义相似性的一类实际过程的抽象集合,它可映射出造成该类实际过程质量变异的共因,通过基于成组技术的控制图和过程能力指数对产品制造稳定性和过程能力进行检验,从而揭示产品生产过程的质量波动状况。

3.4.1.2 面向质量控制的相似性分析

对于武器系统而言,涉及上百个零件、近千道工序,不可能对每个零件、每道工序进行生产能力评估。根据制造过程的相似性,将不同零件加工过程分组,按成组过程构造样本,从而确定出能够反映生产能力水平的工序进行评定。成组技术把品种多转化为"少",由于主要矛盾有条件地转化,这就为提高多品种、多工序的生产能力评估提供了一种有效的方法。在制造系统中,面向质量变异的成组技术主要在两个方面的相似性必须存在:一方面是过程的输出即产品必须有一定的相似性,另一方面是制造过程必须相似,这是成组技术在过程控制成功应用的核心所在。成组的对象是制造的过程,如果制造的过程相似,同时输出的产品也相似,产生输出质量变异的也应该具有一定的规律性。过程的相似在机械加工环境下可以认为主要是工序的相似。这里的工序主要是指人、设备、材料。方法和环境对产品质量综合起作用的过程,是产品质量特征发生变化的基本加工单元,生产过程就是由许多不同的、相互衔接的工序组成。把具有相似性的工序成组为工序族,对相关工序族进行分类。以相关工序在质和量上的相似性为依据,对相关工序进行分组归类,形成相应的工序族。工序族的提出是为了能把 SPC 应用到多品种多工序的质量评估之中。工序的相似性主要体现在加工方法相似、功能相似、性质相似、机理相似、组织要素相似。通常情况下,工序的相似性是多个方面的相似来体现的,几个工序之间可能存在以上多个方面的相似或相同。成组工序主要着眼于加工的工件和加工工序的相似性,从过程控制的观点来看,过程的相似不只是被加工的工件的形状之间的相似,更在重要的是加工工序的相似。根据系统论的观点,当系统的环境未改变或改变不大时,系统的输入相同或相似时,系统的输出(产品)也应具有相同或相似性。

3.4.1.3　面向质量控制的成组技术

1) 相似工序的划分

根据工序族的分类方法,工序族的分类主要依据过程质量变异的相似性,过程质量变异是与过程相关的很多要素决定的。一般情况下,影响质量变异的因素可以归纳为 5 类,即 4M1E,人(Men)、材料(Material)、方法(Method)、设备(Machine)以及环境(Environment),这五大要素又包含有很多因素。对影响质量变异的因素的层次性分解过程,实际上也是对工序分析的深入的过程,通过层次性的分析,可以构成影响工序质量的因素的集合,因素又可以通过其属性或特征来描述,相似的因素就可以构成相似的工序。

2) 面向 SPC 的编码

零件的分类编码系统就是用字符(数字、字母或符号)对零件备有关特征进行描述和标识的一套特定的规则和依据。按照分类编码系统的规则用字符描述和标识零件特征的过程就是对零件进行编码。

码的结构有三种形式:树式结构(分级结构)、链式结构以及混合式结构。本书采用混合式编码结构,把编码分为两个部分,主码部分主要描述零件的属性,辅码部分是柔性码,主要描述加工工序,分别表征了设计的相似性和制造过程工序的相似性,共同映射影响质量变异的 5 个要素。编码的基本结构如图 3.8 所示。在编码结构中,设计部分编码是对设计阶段零件属性的描述。设计相似可以分为两部分:零件的几何特征和辅助特征。辅助特征主要指被加工的零件的材质、毛坯的形状和尺寸以及毛坯的精度和粗糙度,把这一部分作为编码的主码部分。编码的第二部分是与工序有关的部分制造阶段。制造过程工序的相似性主要体现在加工时采用的方法、使用的设备和加工所处的环境,与加工方法相关的是加工所用的机床类型、加工工序类别和加工的工步。加工设备主要是对加工过程影响比较大的量具、夹具、刀具等。整个第二部分编码是系统的辅码,由于加工的复杂性,制造过程因素多变,各个因素影响的程度不同。

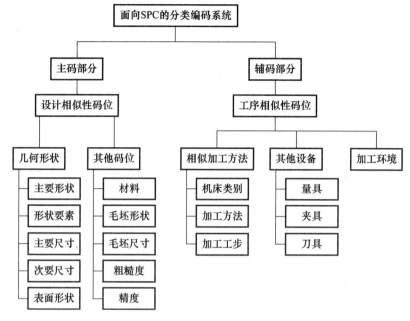

图 3.8　面向 SPC 的分类编码系统示意图

3）相似性评判

（1）相似工序评价的基本思路。

编码只是对工序的特征用形式化的数据语言来描述,并没有对相似工序族中的数据进行处理。工序编码的目的就是根据编码来判定工序之间是否具有相似性。在判定工序的相似过程中,如果两道对应码位的编码完全相同,两道工序是相似的,可以直接把它们归为相似工序族;如果两道工序对应码位的编码不完全相同,需要进行工序的相似性评判。

（2）工序特征权值的确定。

从工程的角度,码位的重要性应该有一定的顺序和影响程度,但不可能用某种方法精确测得,只能靠主观的判断、分析和评估它们之间的重要程度,再通过定量的分析分配它们之间的权重。在常规计算加权综合法中,权重系数的确定有多种方法,其中层次分析法（Analytical Hierarchy Process,AHP）是应用比较广泛、理论背景比较雄厚、成果比较明显的一种方法。

（3）工序间的相似程度计算。

在计算了工序内各因素对工序质量影响的重要程度后,利用模糊分析法评价各工序间的相似程度,计算工序间的相似程度是否到达前面设定阀值的要求,最终评估工序的相似性。具体的算法如下：①确定评价的指标。在工序质量中，通常选取比较重要的指标来评价。建立的指标集表示为 $U = (F_1, F_2, F_3, F_4, F_5, \cdots)$。②建立评语集。评语集的组合比较灵活。在工序相似评价中，目标是评价工序的相似性。根据编码的代码来设定评语集，本书设定评语集为 $V = ($相似，不相似$)$。③确定评语集中个评语的权值。由于工序已经编码，每个码位有明确的代码表示，同一码位表示相同的特征，当它们的代码相同时，就定义为相似，用 1 表示；当它们的代码不同时，则定义为不相似，用 0 表示。④建立模糊评判模型。首先利用评语集对各个因素进行评价，得出评价矩阵。在对 F_1 的评价中，对比被评工序的编码，发现它们在 F_1 对应码位上的代码是相同的，则判断是相似，就可以得到对 F_1 评价的模糊集 $R_1 = (r_{11}, r_{12})R_1 = (r_{11}, r_{12}) = (1/$相似$, 0/$不相似$)$。⑤计算评价结果。在给出了评价矩阵，计算评价结果。其中 X 向量是 AHP 中计算出来的同一工序内各因素 F_1、F_2、F_3、F_4、F_5 等所占的权重系数列向量对应的行向量。当时，需要对系数进行归一化处理，得出最终的评价结果，如果 S 大于前面基本思路中设定的阀值，则可以视被评价的工序为相似工序，作为工序族；否则不能满足成组的需要。至此，在结合定量和定性的基础上，给了比较合理的工序相似性评判的方法。

3.4.1.4 基于 SPC 的生产能力评估

1）控制图原理

对于正态分布，产品质量特性值落在 $[\mu - 3\sigma, \mu + 3\sigma]$ 范围内的概率为 99.73%，落在 $[\mu - 3\sigma, \mu + 3\sigma]$ 范围外的概率为 0.27%。休哈特就是根据这一点发明了控制图。如果生产过程中的质量特性值落在 $[\mu - 3\sigma, \mu + 3\sigma]$ 之外，将出现两种可能：①若过程正常，即分布不变，则质量特性值落在 $[\mu - 3\sigma, \mu + 3\sigma]$ 之外的概率只有 1% 左右；②若过程异常，则质量特性值落在 $[\mu - 3\sigma, \mu + 3\sigma]$ 之外的概率大为增加。于是质量特性值落在 $[\mu - 3\sigma, \mu + 3\sigma]$ 之外就可以判定过程异常，这就是小概率事件原理：小概率事件实际上不发生，若发生即判断异常。休哈特控制图实际上就是区分偶然因素与异常因素两类不同性质的因素。统计控制状态是指过程中只有偶因产生的变异状态。一道工序达到控制状态称为稳定工序，道道工序都达到控制状态称为全稳生产线。

2）控制图判稳准则

点子未出界有两种可能性，即过程稳定或漏报。故若描一个点子未出界则不能立即判稳；但若连续描 m 个点子都未出界，情况就大不相同，这时整个点子系列的 $\beta_{总} = \beta^m$ 比个别点子的 β 小很多，于是根据小概率事件原理可以判断过程处于稳态。在点子随机排列的情况下，符合下列条件之一的判稳：①连续 25 个点，界外点数 $d = 0$；②连续 35 个点，界外点数 $d \leqslant 1$；③连续 100 个点，界外点

48

数 $d \leqslant 2$。

假设过程正常,对于上述三条准则,可以得到

$$\begin{cases} \alpha_1 = 1 - C_{25}^0 0.9973^{25}(1 - 0.9973)^0 = 0.0654 \\ \alpha_2 = 1 - \sum_{r=0}^{1} C_{35}^r 0.9973^r(1 - 0.9973)^{35-r} = 0.0041 \\ \alpha_3 = 1 - \sum_{r=0}^{2} C_{100}^r 0.9973^r(1 - 0.9973)^{35-r} = 0.0026 \end{cases} \quad (3.73)$$

3) $\overline{X} - s$ 控制图的控制线

GB4091 常规控制图是针对休哈特控制图的。根据该国标,常规控制图主要有 8 种,本书介绍最常用的 $\overline{X} - s$ 图。当样本量 $10 \geqslant n \geqslant 2$ 时,可采用 $\overline{X} - s$ 图或 $\overline{X} - R$ 图;当样本量 $n > 10$ 时,应采用 $\overline{X} - s$ 控制图。其中

$$s = \sqrt{\frac{1}{n-1} \sum_{i=1}^{n} (X_i - \overline{X})^2} \quad (3.74)$$

根据 3σ 方式有

$$\begin{cases} \text{UCL}_s = \mu_s + 3\sigma_s \\ \text{CL}_s = \sigma_s \\ \text{LCL}_s = \mu_s - 3\sigma_s \end{cases} \quad (3.75)$$

由数理统计知,若样本来自正态总体,则可导出

$$\begin{cases} E(s) = c_4\sigma \\ \sigma_s = \sigma\sqrt{1 - c_4^2} = c_4\sigma \end{cases} \quad (3.76)$$

式中:c_4 为与样本量 n 有关的常数。

4) 过程能力分析

过程能力也称为工序能力,一般是指在稳定状态下过程波动范围的大小,或过程固有波动范围大小。过程稳定是指过程在人、机器、材料、方法、环境、测试(5M1E)等诸因素均处于稳定的条件下运行,处于统计受控状态。过程能力描述了过程固有波动。一般说来,6σ 越小,过程能力就越大。将过程能力 6σ 与过程要求加以比较,以此判断过程能力是否足够。

对于图 3.9,如果将过程的标称值和公差限也标在过程输出质量特性的分布图上,并且考虑过程的分布中心 μ 与公差的标称值重合时,这时我们会看到过程①的波动相对于公差来说很小,有较强的满足过程要求的能力;过程②的波动也在公差范围内,但公差范围已占满了公差限,过程一旦出现失控的情况,就会使波动超出公差范围,出现不良质量;过程③的波动已超出了公差要求,也就是

49

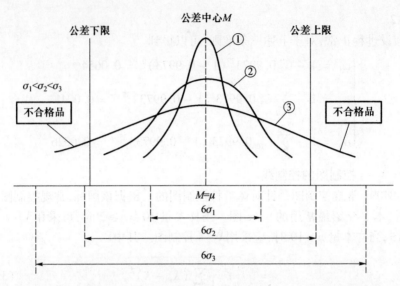

图 3.9　过程能力与过程要求的比较——公差中心与分布中心重合时

说,过程③的固有波动已超出了过程要求的范围,即使过程处于稳定状态也不能满足公差要求,因此过程根本就不具备满足要求的能力。公差宽度与过程能力的比值定义为过程能力指数。

$$C_p = \frac{T}{6\sigma} = \frac{T}{6s} \tag{3.77}$$

式中:T 为公差范围,也就是公差上限(T_U 或 USL)与公差下限(T_L 或 LSL)之差;σ 为总体的标准差。

当计算出 C_p 后,根据过程能力指数的大小评价是否满足过程要求能力,过程分为以下几个等级,以便根据不同的情况对过程采取不同措施并加以管理和控制。表 3.5 给出了过程等级的划分。

表 3.5　过程能力等级评定表

范　围	等　级	判　断
$C_p = 2.0$	世界级	过程能力很高
$2.0 > C_p > 1.67$	特级	过程能力高
$1.67 > C_p > 1.33$	1 级	过程能力充分
$1.33 > C_p > 1$	2 级	过程能力尚可
$1 > C_p > 0.67$	3 级	过程能力不足
$0.67 > C_p$	4 级	过程能力严重不足

50

3.4.2　先验分布参数确定

设有 m 批交验信息，$l_i(i=1,2,3,\cdots,m)$ 表示各批试验次数，θ_i 表示各批试验中的点估计，此时有

$$\begin{cases} a+b = \dfrac{m^2\left(\sum\limits_{i=1}^{m}\theta_i - \sum\limits_{i=1}^{m}\theta_i^2\right)}{m\left(m\sum\limits_{i=1}^{m}\theta_i^2 - K\sum\limits_{i=1}^{m}\theta_i\right) - (m-K)\left(\sum\limits_{i=1}^{m}\theta_i\right)^2} \\[4mm] \dfrac{a}{a+b} = \bar{\theta} \end{cases} \quad (3.78)$$

其中

$$K = \sum_{i=1}^{m} l_i^{-1},\ \bar{\theta} = \frac{\sum\limits_{i=1}^{m}\theta_i}{m}$$

当 m 较小时，抽样误差可能引起式(3.78)中 $a+b$ 估计为负值，此时作如下修正：

$$a+b = \left(\frac{m-1}{m}\right)\frac{\left[m\sum\limits_{i=1}^{m}\theta_i - \left(\sum\limits_{i=1}^{m}\theta_i\right)^2\right]}{\left[m\sum\limits_{i=1}^{m}\theta_i^2 - \left(\sum\limits_{i=1}^{m}\theta_i\right)^2\right]} - 1 \quad (3.79)$$

由于产品交验试验项目相对较少，特别是特殊环境条件下试验项目较少，有的试验项目甚至没有。这里我们采用环境数据融合技术，将交验试验数据转化为特殊环境条件下的试验数据，从而得到特殊环境条件下的先验分布。

产品在环境 2 下的失效概率为 p_2，在环境 1 下的失效概率为 p_1，记环境因子为 p，其定义如下：

$$p = p_2/p_1 \quad (3.80)$$

已知产品在环境 1 条件下的成败型数据为 (n_1,f_1)，环境 2 条件下的成败型数据为 (n_2,f_2)，环境因子的点估计为

$$\hat{p} = \hat{p}_2/\hat{p}_1 = n_1 f_2/n_2 f_1 \quad (3.81)$$

当产品失效率为 0 时，可使用置信度为 0.50 的失效率置信下限来近似其点估计。

已知环境因子的估计值时，可以把环境 1 下的成败型数据 (n_1,f_1) 折算成环境 2 下的等效成败型数据 (n_2,f_2)，综合数据记为 (n,f)：

$$\begin{cases} f = f_1 + f_2 \\ n = n_1/p + n_2 \end{cases} \tag{3.82}$$

3.5 成败型试验的参数估计

3.5.1 贝叶斯估计

3.5.1.1 贝叶斯点估计

对于选定的先验分布 $\pi(\theta)$ 和现场试验结果 (n,s)，应用贝叶斯方法得到后验分布 $\pi(\theta|x)$，这时，作为 θ 的估计可选用后验分布 $\pi(\theta|x)$ 的某个位置特征量，如后验分布的众数、中位数或期望值。

定义 3.1 使后验分布密度 $\pi(\theta|x)$ 达到最大的值 $\hat\theta_{MD}$ 称为最大后验估计；后验分布的中位数 $\hat\theta_{Me}$ 称为 θ 的后验中位数估计；后验分布的期望值 $\hat\theta_e$ 称为 θ 的后验期望估计，这三个估计也都称为 θ 的贝叶斯估计。

一般场合下，这三种贝叶斯估计是不同的，当后验密度函数为对称时，这三种贝叶斯估计重合；当后验密度函数不对称时，这三种贝叶斯估计是不同的。

在确定采用贝叶斯估计时，应考虑贝叶斯估计误差。设 $\hat\theta$ 是 θ 的一个贝叶斯估计。在样本给定后，$\hat\theta$ 是一个数，在综合各种信息后，θ 是按 $\pi(\theta|x)$ 取值，所以评定一个贝叶斯估计的误差的最好而又最简单的方式是用 θ 对 $\hat\theta$ 的后验均方差或其平方根来度量。

定义 3.2 设参数 θ 的后验分布密度 $\pi(\theta|x)$，贝叶斯估计为 $\hat\theta$，则 $(\theta-\hat\theta)^2$ 的后验期望

$$\mathrm{MSE}(\hat\theta|x) = E^{\theta|x}(\theta-\hat\theta)^2 \tag{3.83}$$

称为 $\hat\theta$ 的后验期望方差，而称其平方根 $[\mathrm{MSE}(\hat\theta|x)]^{1/2}$ 称为 $\hat\theta$ 的后验期望标准差，其中符号 $E^{\theta|x}$ 表示用条件分布求期望，当 $\hat\theta$ 为 θ 的后验期望 $\hat\theta_e = E(\theta|x)$ 时，则

$$\mathrm{MSE}(\hat\theta_E|x) = E^{\theta|x}(\theta-\hat\theta_E)^2 = \mathrm{Var}(\theta|x) \tag{3.84}$$

称为后验方差，其平方根 $[\mathrm{Var}(\theta|x)]^{1/2}$ 称为后验标准差。后验标准差与后验方差有如下关系：

$$\begin{aligned} \mathrm{MSE}(\hat\theta|x) &= E^{\theta|x}(\theta-\hat\theta)^2 = E^{\theta|x}(\theta-\hat\theta_E+\hat\theta_E-\hat\theta)^2 \\ &= \mathrm{Var}(\theta|x) + (\hat\theta_E-\hat\theta)^2 \end{aligned} \tag{3.85}$$

这表明，当 $\hat\theta$ 为后验均值 $\hat\theta_e = E(\theta|x)$ 时，可使后验均方差达到最小，因此，作

52

为靶场试验后参数的估计,采用后验均值作为 θ 的贝叶斯点估计值是比较合理的。

3.5.1.2　贝叶斯区间估计

对于区间估计问题,贝叶斯方法具有处理方便和含义清晰的优点。当参数 θ 的后验分布 $\pi(\theta|x)$ 获得后,可以计算 θ 落在某区间内的概率为

$$P(a \leq \theta \leq b | x) = 1 - \alpha \qquad (3.86)$$

若给定概率 $1 - \alpha$,要寻找一个区间,使式(3.86)成立,这样的区间就是 θ 的贝叶斯区间估计,又称可信区间。

定义 3.3　设参数 θ 的后验分布为 $\pi(\theta|x)$,对给定的样本 x 和概率 $1 - \alpha$,若存在这样的两个统计量 $\hat{\theta}_L = \hat{\theta}_L(x)\hat{\theta}_U = \hat{\theta}_U(x)$ 与 $\hat{\theta}_U = \hat{\theta}_U(x)$,使得

$$P(\hat{\theta}_L \leq \theta \leq \hat{\theta}_U | x) = 1 - \alpha \qquad (3.87)$$

则称区间 $[\hat{\theta}_L, \hat{\theta}_U]$ 为参数 θ 的可信水平 $1 - \alpha$ 为贝叶斯可信区间,或简称为 θ 的 $1 - \alpha$ 可信区间,而满足

$$P(\theta \geq \hat{\theta}_L | x) = 1 - \alpha \qquad (3.88)$$

的 $\hat{\theta}_L$ 称为 θ 的 $1 - \alpha$(单侧)可信下限。满足

$$P(\theta \leq \hat{\theta}_U | x) = 1 - \alpha \qquad (3.89)$$

的 $\hat{\theta}_U$ 称为 θ 的 $1 - \alpha$(单侧)可信上限。

这里的可信水平和可信区间与经典统计中的置信水平与置信区间虽是同类概念,但两者有本质的差别,主要表现在以下两点:

(1)在条件方法下,对于给定的样本 x 和可信水平 $1 - \alpha$ 通过后验分布可求得具体的可信区间,它表示 θ 落在该区间的概率为 $1 - \alpha$。可对于经典置信区间就不能这样说,因为经典统计认为 θ 是常量,要么落在该区间,要么不在此区间,只能说"在 100 次使用这个置信区间,大约 90 次能覆盖住 θ"。这种经典的频率解释对于靶场试验毫无意义,因为靶场试验需要根据靶场试验结果给出参数 θ 的区间范围,因此采用贝叶斯可信区间的定义能够对靶场试验结果进行合理解释。

(2)在经典统计中寻找置信区间有时是困难的,因为它需要设法构造一个枢轴量(含有被估参数的随机变量),使它的分布不含有未知参数,这是一项技术很强的工作,而且有时枢轴量很难确定;寻找可信区间只要利用后验分布,不需要另外寻找其他分布,因此可信区间的寻找比较简单。

对给定的可信水平,从后验分布获得的可信区间不止一个,常用的方法是等尾可信区间,但等尾可信区间并不是最理想的,最理想的可信区间应是区间最

短,这只要把具有最大后验密度的点都包含在可信区间内,而在区间外的点上的后验密度函数值不超过区间内的后验密度函数值,这样的区间称为最大后验密度(Highest Posterior Density)可信区间,它的一般定义如下:

定义 3.4 设参数 θ 的后验分布为 $\pi(\theta|x)$,对给定的概率 $1-\alpha$,若在直线上存在这样一个子集 C,满足下列两个条件:

(1) $P(C|x) = 1-\alpha$。

(2) 对任给 $\theta_1 \in C$ 和 $\theta_2 \notin C$,总有 $\pi(\theta_1|x) \geqslant \pi(\theta_2|x)$,则称 C 为 θ 的可信水平为 $1-\alpha$ 的最大后验密度可信集,简称 $1-\alpha$HPD 可信集,如果 C 为一个区间,则又称为 $1-\alpha$HPD 可信区间。

当后验密度为单峰和对称时,寻求 $1-\alpha$HPD 可信区间较为容易,它就是等尾可信区间,当后验密度虽为单峰,但不对称时,寻求 HPD 可信区间可以通过计算机采用逐渐逼近的方法。

(1) 对给定的 k,建立子程序,解方程

$$\pi(\theta|x) = k \tag{3.90}$$

得解 $\theta_1(k)$ 和 $\theta_2(k)$,从而组成一个区间

$$C(k) = [\theta_1(k), \theta_2(k)] = \{\theta : \pi(\theta|x) \geqslant k\} \tag{3.91}$$

(2) 建立第二个子程序,用来计算概率

$$P(\theta \in C(k)|x) = \int_{C(k)} \pi(\theta|x)\mathrm{d}\theta \tag{3.92}$$

(3) 对给定的 k,若 $P(\theta \in C(k)|x) \approx 1-\alpha$,则 $C(k)$ 即为所求的 HPD 可信区间;若 $P(\theta \in C(k)|x) > 1-\alpha$,则增大 k,重新计算;若 $P(\theta \in C(k)|x) < 1-\alpha$,则减小 k,重新计算。

3.5.2 无信息先验下试验参数的估计

3.5.2.1 贝叶斯点估计

三种无信息先验的后验分布分别为 $\pi_1(\theta|x) = \mathrm{B}(\theta, x+1, n-x+1)$,

$\pi_3(\theta|x) = \mathrm{B}(\theta, x+0.5, n-x+0.5)$,$\pi_4(\theta|x) = \dfrac{C_n^x \theta^{x+\theta}(1-\theta)^{n-x+\theta}}{\displaystyle\int_0^1 \theta^{x+\theta}(1-\theta)^{n-x+\theta}\mathrm{d}\theta}$ 取损失

函数为平方误差函数时,其贝叶斯估计为后验期望估计,由于后验期望估计的均方差达到最小,因此,采用平方损失函数下得到的后验期望作为贝叶斯估计值。

$$\begin{aligned}
\hat{\theta}_{E1} &= \int_\Theta \theta[\pi_1(\theta|x)]\mathrm{d}\theta = \int_\Theta \theta \mathrm{B}(\theta, x+1, n-x+1)\mathrm{d}\theta \\
&= \frac{\Gamma(n+2)}{\Gamma(x+1)\Gamma(n-x+1)} \int_0^1 \theta^{x+1}(1-\theta)^{n-x}\mathrm{d}\theta
\end{aligned}$$

54

$$= \frac{x + 1}{n + 2} \qquad (3.93)$$

$$\mathrm{MSE}(\hat{\theta}_{E1} \mid x) = \mathrm{Var}(\theta \mid x) = E^{\theta \mid x}(\theta - \hat{\theta}_{E1})^2 = E^{\theta \mid x}(\theta^2) - (\hat{\theta}_{E1})^2$$

$$= \int_{\Theta} \theta^2 [\pi_1(\theta \mid x)] \mathrm{d}\theta - (\hat{\theta}_{E1})^2$$

$$= \frac{(x + 2)(x + 1)}{(n + 3)(n + 2)} - \left(\frac{x + 1}{n + 2}\right)^2 = \frac{(x + 1)(n - x + 1)}{(n + 2)^2(n + 3)}$$

$$(3.94)$$

$$\hat{\theta}_{E3} = \int_{\Theta} \theta [\pi_3(\theta \mid x)] \mathrm{d}\theta = \int_{\Theta} \theta \mathrm{B}(\theta, x + 0.5, n - x + 0.5) \mathrm{d}\theta$$

$$= \frac{x + 0.5}{n + 1} \qquad (3.95)$$

$$\mathrm{MSE}(\hat{\theta}_{E3} \mid x) = \mathrm{Var}(\theta \mid x) = E^{\theta \mid x}(\theta - \hat{\theta}_{E3})^2 = E^{\theta \mid x}(\theta^2) - (\hat{\theta}_{E3})^2$$

$$= \frac{(x + 1.5)(x + 0.5)}{(n + 2)(n + 1)} - \left(\frac{x + 0.5}{n + 1}\right)^2$$

$$= \frac{(x + 0.5)(n - x + 0.5)}{(n + 1)^2(n + 2)} \qquad (3.96)$$

$$\hat{\theta}_{E4} = \int_{\Theta} \theta [\pi_4(\theta \mid x)] \mathrm{d}\theta = \int_{\Theta} \theta \frac{C_n^x \theta^{x+\theta}(1 - \theta)^{n-x+\theta}}{\int_0^1 \theta^{x+\theta}(1 - \theta)^{n-x+\theta} \mathrm{d}\theta} \mathrm{d}\theta$$

$$= \frac{C_n^x}{\int_0^1 \theta^{x+\theta}(1 - \theta)^{n-x+\theta} \mathrm{d}\theta} \int_0^1 \theta^{x+\theta+1}(1 - \theta)^{n-x+\theta} \mathrm{d}\theta \qquad (3.97)$$

$$\mathrm{MSE}(\hat{\theta}_{E4} \mid x) = \mathrm{Var}(\theta \mid x) = E^{\theta \mid x}(\theta - \hat{\theta}_{E4})^2 = E^{\theta \mid x}(\theta^2) - (\hat{\theta}_{E4})^2$$

$$= \frac{C_n^x}{\int_0^1 \theta^{x+\theta}(1 - \theta)^{n-x+\theta} \mathrm{d}\theta} \int_0^1 \theta^{x+\theta+2}(1 - \theta)^{n-x+\theta} \mathrm{d}\theta - (\hat{\theta}_{E4})^2$$

$$(3.98)$$

3.5.2.2 贝叶斯区间估计

三种先验分布下的区间估计分别为

$$P(\theta \in C_1(k) \mid x) = \int_{C(k)} \pi_1(\theta \mid x) \mathrm{d}\theta$$

$$= \int_{C_1(k)} \mathrm{B}(\theta, x + 1, n - x + 1) \mathrm{d}\theta = 1 - \alpha \qquad (3.99)$$

$$P(\theta \in C_3(k) \mid x) = \int_{C(k)} \pi_3(\theta \mid x) d\theta$$

$$= \int_{C_3(k)} B(\theta, x + 0.5, n - x + 0.5) d\theta = 1 - \alpha$$

$$(3.100)$$

$$P(\theta \in C_4(k) \mid x) = \int_{C_4(k)} \pi_4(\theta \mid x) d\theta$$

$$= \int_{C_4(k)} \frac{C_n^x \theta^{x+\theta}(1-\theta)^{n-x+\theta}}{\int_0^1 \theta^{x+\theta}(1-\theta)^{n-x+\theta} d\theta} d\theta$$

$$= \frac{C_n^x \int_{C_4(k)} \theta^{x+\theta}(1-\theta)^{n-x+\theta} d\theta}{\int_0^1 \theta^{x+\theta}(1-\theta)^{n-x+\theta} d\theta} = 1 - \alpha \qquad (3.101)$$

3.5.3 有信息先验下试验参数的估计

3.5.3.1 贝叶斯点估计

当考虑两次试验的差异性时，后验分布为

$$\pi(\theta \mid x) = \frac{(1-\rho)\theta^x(1-\theta)^{n-x} + \rho \dfrac{\theta^{a+x-1}(1-\theta)^{b+n-x-1}}{B(a,b)}}{(1-\rho)B(x+1, n-x+1) + \rho \dfrac{B(a+x, b+n-x)}{B(a,b)}} \qquad (3.102)$$

则

$$\hat{\theta}_E = \int_\Theta \theta(\pi(\theta \mid x)) d\theta$$

$$= \int_0^1 \frac{(1-\rho)\theta^{x+1}(1-\theta)^{n-x} + \rho \dfrac{\theta^{a+x}(1-\theta)^{b+n-x-1}}{B(a,b)}}{(1-\rho)B(x+1, n-x+1) + \rho \dfrac{B(a+x, b+n-x)}{B(a,b)}} d\theta$$

$$= \frac{(1-\rho)B(a,b)B(x+2, n-x+1) + \rho B(a+x+1, b+n-x)}{(1-\rho)B(a,b)B(x+1, n-x+1) + \rho B(a+x, b+n-x)} \qquad (3.103)$$

$$\text{MSE}(\hat{\theta}_E \mid x) = \text{Var}(\theta \mid x) = E^{\theta \mid x}(\theta - \hat{\theta}_E)^2 = E^{\theta \mid x}(\theta^2) - (\hat{\theta}_E)^2$$

$$= \int_\Theta \theta^2(\pi_1(\theta \mid x)) d\theta - (\hat{\theta}_E)^2$$

$$= \frac{(1-\rho)B(a,b)B(x+3, n-x+1) + \rho B(a+x+2, b+n-x)}{(1-\rho)B(a,b)B(x+1, n-x+1) + \rho B(a+x, b+n-x)} - (\hat{\theta}_E)^2$$

$$(3.104)$$

56

3.5.3.2 贝叶斯区间估计

当考虑两次试验的差异性时的区间估计为

$$P(\theta \in C(k) \mid x) = \int_{C(k)} \pi(\theta \mid x) \mathrm{d}\theta$$

$$= \frac{\displaystyle\int_{C(k)} (1-\rho)\theta^x(1-\theta)^{n-x} + \rho\,\frac{\theta^{a+x-1}(1-\theta)^{b+n-x-1}}{\mathrm{B}(a,b)}\mathrm{d}\theta}{(1-\rho)\mathrm{B}(x+1,n-x+1) + \rho\,\dfrac{\mathrm{B}(a+x,b+n-x)}{\mathrm{B}(a,b)}}$$

$$= \frac{\displaystyle\int_{C(k)} (1-\rho)\mathrm{B}(a,b)\theta^x(1-\theta)^{n-x} + \rho\theta^{a+x-1}(1-\theta)^{b+n-x-1}\mathrm{d}\theta}{(1-\rho)\mathrm{B}(a,b)\mathrm{B}(x+1,n-x+1) + \rho\mathrm{B}(a+x,b+n-x)}$$

$$= 1 - \alpha \tag{3.105}$$

3.6 试验结果的环境敏感性分析

为了分析不同条件对产品性能的影响,这里采用多元统计分析中的聚类分析对不同的环境试验数据进行分类。聚类分析又称群分析,它是研究对样品或指标进行分类的一种多元统计方法,所谓"类",通俗地说就是相似元素的集合。由于同类事物具有很强的相似性,即同类事物之间的"距离"应很小,因此用距离统计量作为分类依据。

3.6.1 多元数据的图表示方法

图形有助于对所研究的数据的直观了解,一元或二元数据的一维或二维图形容易得到,三维图形虽也可画出,但不方便。对于三维以上图形的表示,近几十年来,国际上出现了一系列方法,但尚未有公认的方法,这里采用从数学上看较为完美的多元数据图表示方法——调和曲线图,该方法是 Andcews 在 1972 年提出的,其基本思想是把多维空间的一个点对应于二维平面上的一条曲线。

设多维数据 $X = (x_1, x_2, \cdots, x_p)$,则对应的曲线是

$$f_X(t) = \frac{x_1}{\sqrt{2}} + x_2\sin t + x_3\cos t + x_4\sin 2t + x_5\cos 2t + \cdots, \quad -\pi \leqslant t \leqslant \pi$$

$$\tag{3.106}$$

当 t 在区间 $(-\pi, \pi)$ 上变化时,其轨迹是一条曲线。对于不同的条件,可以得到一系列调和曲线,这种图对聚类分析帮助很大。如果选择聚类统计量为距离,则同类的曲线拧在一起,不同类的曲线拧成不同的束,非常直观,如图 3.10 所示。

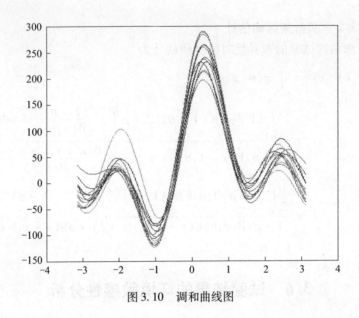

图 3.10　调和曲线图

3.6.2　聚类分析方法

聚类分析又称群分析,它是研究对样品或指标进行分类的一种多元统计方法,所谓"类",通俗地说就是相似元素的集合。如何对事物进行定量分类呢?由于同类事物具有很强的相似性,即同类事物之间的"距离"应很小,因此用距离统计量作为分类依据。对于获得的不同条件的原始数据可抽象为

$$\boldsymbol{X} = (x_{ij})_{n \times m} = \begin{bmatrix} x_{11} & x_{12} & \cdots & x_{1m} \\ x_{21} & x_{xx} & \cdots & x_{2m} \\ \vdots & \vdots & \ddots & \vdots \\ x_{n1} & x_{n2} & \cdots & x_{nm} \end{bmatrix} \tag{3.107}$$

式中:n 为试验环境条件数;m 为每个环境条件下的试验数。

第 i 个试验条件的观测值为 $[\, x_{i1} \quad x_{i2} \quad \cdots \quad x_{im}\,]^{\mathrm{T}}$,$i = 1,2,\cdots,n$。

1) 不同条件性能参数之间的距离

由于同类事物具有很强的相似性,同类事物之间的"距离"应该小,因此可以用距离统计量作为分类的依据。最常用的距离统计量是 Minkowski(闵可夫斯基)距离:

$$d_{ij} = \Big[\, \sum_{k=1}^{m} | x_{ik} - x_{jk} |^q \,\Big]^{\frac{1}{q}} \tag{3.108}$$

式中:q 为已知的正实数(q 常取 $1,2,\infty$)。当 $q = 1$ 时,得绝对值距离;当 $q = 2$

时,得欧几里得距离;当 $q = \infty$ 时,得切比雪夫距离。

2)系统聚类法

在确定不同样本之间的距离后,就要根据样本之间的距离进行分类,聚类方法很多,但最常用的,也是比较成熟的一种方法是系统聚类法(Hierachical Clustering Methods)。系统聚类法的基本思想:先假定各个样品各自成一类,这时各类间的距离就是各样品之间的距离,将距离最近的两类合并成一个新的类;再计算新类与其他类间的距离,将距离最近的两类合并,如此每次缩小一类,直至所有的样品都成为一类为止。然后根据需要或者根据给出的距离临界值(阈值)确定分类数及最终要分的类。系统聚类原则决定于样品间的距离以及类间距离,类与类之间的距离有多种定义法,常用的有:

① 最短距离法 $D_{pq} = \min\limits_{i \in G_p, j \in G_q} d_{ij}$;

② 最长距离法 $D_{pq} = \max\limits_{i \in G_p, j \in G_q} d_{ij}$;

③ 重心距离法 $D_{pq} = d(\bar{x}_p, \bar{x}_q)$ $\left(\bar{x}_p = \dfrac{1}{n_p} \sum\limits_{x_i \in p} x_i, \bar{x}_q = \dfrac{1}{n_q} \sum\limits_{x_i \in q} x_i \right)$;

④ 类平均距离法 $D_{pq}^2 = \dfrac{1}{n_p \cdot n_q} \sum\limits_{i \in G_p} \sum\limits_{j \in G_q} d_{ij}^2$。

类的确定是一个十分困难而又模糊的问题,至今仍未有令人满意的方法,常用的有根据阈值确定、根据数据点的散布图确定、根据统计量确定和根据谱系图确定等方法。根据所分析问题的特点,我们认为采用谱系图方法比较灵活,能够发挥分析人员的经验,是一个较好的方法。Bemirmen 在 1972 年提出的根据谱系图进行分类的准则:①各类重心之间的距离必须很大;②确定的类中,各类所包含的元素都不要太多;③类的个数必须符合实用的目的;④若采用不同的聚类方法处理,则在各自的聚类图中应发现相同的类。

3.7 实 例 分 析

3.7.1 基于正样信息的试验设计与评估

正样机试验是产品进行定型试验之前进行的一次综合性能试验,其试验项目和试验方法与设计定型基本一致,且在正样机试验后,产品基本不再改动,其技术状态与设计定型试验基本一致,因此正样机试验数据能够基本反映产品的技术性能。下面以某发烟弹为例进行分析。

某发烟弹正样机试验与设计定型试验状态对比如表 3.6 所列,根据表 3.6 可以确定 ρ 取 0.85。

表 3.6　某发烟弹正样机试验与设计定型试验状态对比

状态		正样机试验与设计定型试验差异性	ρ
试验条件	作用目标	正样机试验与设计定型试验地面差异较小	0.15
	设备条件	二者基本一致	0.20
	现场条件	现场条件有一定差异性	0.10
产品状态		在正样机试验后产品未进行调整	0.40
合计			0.85

　　根据正样机试验结果,表3.7给出了不同条件下的先验分布的超参数。表3.8为未考虑正样机数据的定型试验方案,表3.9～表3.12分别给出了设计定定型试验方案。从中可以看出,当考虑正样机试验可信度时,既可以避免由于直接应用造成正样机数据"左右"定型结论,又可避免不考虑正样机试验结果造成的信息的浪费。

表 3.7　某型发烟弹正样机试验结果及先验超参数

试验项目			先验参数	
			a	b
勤务性能			88.0111	0.9889
湿热			16.3578	0.6422
作用可靠性	中硬地面	常温	48.3254	0.6746
		高温	23.3437	0.6563
		低温	23.3437	0.6563
	松土地面	常温	22.080	1.9200
		高温	13.0667	0.9333
		低温	8.3973	0.6027
	山石地面	常温	23.3437	0.6563
		高温	13.3678	0.6322
		低温	13.3678	0.6322

表 3.8　未考虑正样机数据的试验方案

n	f	O_n	α	β
13	0	1.0505	0.0134	0.0348
33	1	1.0506	0.0107	0.0195
53	2	1.0441	0.0091	0.0147
73	3	1.0391	0.0081	0.0122

n	f	O_n	α	β
93	4	1.0355	0.0074	0.0106
113	5	1.0326	0.0068	0.0095

表3.9　某发烟弹勤务性能和湿热试验方案

试验项目	未考虑差异性检验方案					考虑差异性检验方案				
	n	f	O_n	α	β	n	f	O_n	α	β
勤务性能	0	0	92.6346	0	0.0107	3	0	21.5838	0.0267	0.0381
	1	1	16.1527	0	0.0107	6	1	2.1576	0.0025	0.0441
	2	2	5.0663	0	0.0107	14	2	1.0812	0.0014	0.0312
	3	3	2.0745	0	0.0107	27	3	1.0552	0.0014	0.0223
	5	4	1.0053	0	0.0107	42	4	1.0480	0.0015	0.0181
	25	5	1.0053	0	0.0106	58	5	1.0253	0.0015	0.0156
湿热	—	0	—	—	—	—	0	—	—	—
	—	1	—	—	—	—	1	—	—	—
	—	2	—	—	—	—	2	—	—	—
	—	3	—	—	—	68	3	2.0746	0.0469	0.0494
	88	4	1.9663	0.0486	0.0495	84	4	1.6570	0.0374	0.0497
	105	5	1.6766	0.0410	0.0490	100	5	1.3833	0.0308	0.0498

表3.10　某发烟燃烧弹作用可靠性试验方案（中硬地面）

试验项目	未考虑差异性检验方案					考虑差异性检验方案				
	n	f	O_n	α	β	n	f	O_n	α	β
常温	0	0	22.4326	0	0.0427	5	0	17.6458	0.0450	0.0440
	1	1	3.7514	0	0.0427	11	1	3.4332	0.0101	0.0478
	2	2	1.1932	0	0.0427	17	2	3.4332	0.0101	0.0478
	19	3	1.0179	0.0007	0.0408	31	3	1.0572	0.0033	0.0416
	39	4	1.0167	0.0019	0.0369	48	4	1.0204	0.0038	0.0358
	59	5	1.0156	0.0029	0.0332	67	5	1.0353	0.0045	0.0312
高温	—	0	—	—	—	7	0	6.7259	0.0695	0.0949
	18	1	2.4984	0.0367	0.0991	17	1	2.1250	0.0289	0.0979
	30	2	1.4165	0.0224	0.0981	28	2	1.1694	0.0166	0.0974
	44	3	1.0348	0.0171	0.0929	45	3	1.0110	0.0159	0.0827

试验项目	未考虑差异性检验方案					考虑差异性检验方案				
	n	f	O_n	α	β	n	f	O_n	α	β
高温	64	4	1.0315	0.0187	0.0776	65	4	1.0176	0.0171	0.0686
	84	5	1.0289	0.0193	0.0674	85	5	1.0197	0.0175	0.0594
低温	—	0	—	—	—	7	0	6.7259	0.0695	0.0949
	18	1	2.4984	0.0367	0.0991	17	1	2.1250	0.0289	0.0979
	30	2	1.4165	0.0224	0.0981	28	2	1.1694	0.0166	0.0974
	44	3	1.0348	0.0171	0.0929	45	3	1.0110	0.0159	0.0827
	64	4	1.0315	0.0187	0.0776	65	4	1.0176	0.0171	0.0686
	84	5	1.0289	0.0193	0.0674	85	5	1.0197	0.0175	0.0594

表3.11 某发烟弹作用可靠性试验方案（松土地面）

试验项目	未考虑差异性检验方案					考虑差异性检验方案				
	n	f	O_n	α	β	n	f	O_n	α	β
常温	—	0	—	—	—	—	0	—	—	—
	—	1	—	—	—	36	1	1.4378	0.0873	0.0947
	55	2	1.3161	0.0835	0.0965	52	2	1.1572	0.0658	0.0960
	71	3	1.1006	0.0665	0.0985	69	3	1.0165	0.0543	0.0923
	89	4	1.0186	0.0581	0.0931	89	4	1.0156	0.0504	0.0810
	109	5	1.0175	0.0545	0.0838	109	5	1.0148	0.0473	0.0728
高温	—	0	—	—	—	—	0	—	—	—
	32	1	2.1583	0.0882	0.0952	29	1	1.7915	0.0667	0.0995
	47	2	1.4917	0.0613	0.0964	44	2	1.2693	0.0469	0.0968
	62	3	1.1482	0.0462	0.0967	60	3	1.0371	0.0371	0.0914
	79	4	1.0097	0.0392	0.0909	80	4	1.0342	0.0353	0.0774
	99	5	1.0093	0.0374	0.0797	100	5	1.0317	0.0335	0.0680
低温	—	0	—	—	—	—	0	—	—	—
	27	1	1.8984	0.0582	0.0993	25	1	1.6206	0.0452	0.0998
	38	2	1.0434	0.0329	0.1114	38	2	1.0130	0.0287	0.0994
	58	3	1.0384	0.0320	0.0868	58	3	1.0142	0.0279	0.0772
	78	4	1.0346	0.0306	0.0728	78	4	1.0140	0.0267	0.0646
	98	5	1.0317	0.0292	0.0635	98	5	1.0134	0.0255	0.0562

表 3.12　某发烟弹作用可靠性试验方案(山石地面)

试验项目	未考虑差异性检验方案					考虑差异性检验方案				
	n	f	O_n	α	β	n	f	O_n	α	β
常温	—	0	—	—	—	7	0	6.7259	0.0695	0.0949
	18	1	2.4984	0.0367	0.0991	17	1	2.1250	0.0289	0.0979
	30	2	1.4165	0.0224	0.0981	28	2	1.1694	0.0166	0.0974
	44	3	1.0348	0.0171	0.0929	45	3	1.0110	0.0159	0.0827
	64	4	1.0315	0.0187	0.0776	65	4	1.0176	0.0171	0.0686
	84	5	1.0289	0.0193	0.0674	85	5	1.0197	0.0175	0.0594
高温	—	0	—	—	—	11	0	5.0492	0.0942	0.0978
	—	1	—	—	—	24	1	1.9629	0.0484	0.0977
	40	2	1.4534	0.0415	0.0963	37	2	1.2020	0.0306	0.0975
	53	3	1.0109	0.0286	0.0988	54	3	1.0249	0.0261	0.0853
	73	4	1.0106	0.0283	0.0824	74	4	1.0241	0.0256	0.0711
	93	5	1.0102	0.0276	0.0715	94	5	1.0230	0.0249	0.0618
低温	—	0	—	—	—	11	0	5.0492	0.0942	0.0978
	—	1	—	—	—	24	1	1.9629	0.0484	0.0977
	40	2	1.4534	0.0415	0.0963	37	2	1.2020	0.0306	0.0975
	53	3	1.0109	0.0286	0.0988	54	3	1.0249	0.0261	0.0853
	73	4	1.0106	0.0283	0.0824	74	4	1.0241	0.0256	0.0711
	93	5	1.0102	0.0276	0.0715	94	5	1.0230	0.0249	0.0618

表 3.13 给出了三种条件下的作用可靠性的计算结果,从表 3.13 可以看出,当考虑正样机试验可信度时,既可以避免由于直接应用正样机数据造成的试验结果的失真,又可避免不考虑正样机试验结果造成的信息的浪费。

表 3.13　某发烟弹试验作用可靠性计算结果

试验项目			先验参数		未考虑差异性估计结果		考虑差异性估计结果		未考虑先验数据估计结果	
			a	b	$\hat{\theta}_E$	$MSE(\hat{\theta}_E)$	$\hat{\theta}_E$	$MSE(\hat{\theta}_E)$	$\hat{\theta}_E$	$MSE(\hat{\theta}_E)$
勤务性能			88.01	0.99	0.9815	0.0001	0.9813	0.0001	0.9725	0.0001
作用可靠性		湿热	16.36	0.64	0.9953	0.0000	0.9953	0.0000	0.9918	0.0001
	中硬地面	常温	48.33	0.67	0.9955	0.0000	0.9955	0.0000	0.9902	0.0001
		高温	23.34	0.66	0.9911	0.0001	0.9911	0.0001	0.9808	0.0004
		低温	23.34	0.66	0.9641	0.0005	0.9635	0.0005	0.9423	0.0010

试验项目			先验参数		未考虑差异性估计结果		考虑差异性估计结果		未考虑先验数据估计结果	
			a	b	$\hat{\theta}_E$	MSE($\hat{\theta}_E$)	$\hat{\theta}_E$	MSE($\hat{\theta}_E$)	$\hat{\theta}_E$	MSE($\hat{\theta}_E$)
作用可靠性	松土地面	常温	22.08	1.9	0.9741	0.0003	0.9743	0.0003	0.9808	0.0004
		高温	13.07	0.93	0.9761	0.0006	0.9758	0.0006	0.9630	0.0013
		低温	8.40	0.60	0.9823	0.0005	0.9820	0.0005	0.9630	0.0013
	山石地面	常温	23.34	0.66	0.9911	0.0001	0.9911	0.0001	0.9808	0.0004
		高温	13.37	0.63	0.9838	0.0004	0.9835	0.0004	0.9630	0.0013
		低温	13.37	0.63	0.9838	0.0004	0.9835	0.0004	0.9630	0.0013

3.7.2 基于交验信息的试验设计与评估

某杀伤弹和破甲杀伤弹设计定型试验后,分别累计生产了几十个批次,每个批次进行了交验。下面对这两个产品的生产定型试验方案进行分析。

3.7.2.1 交验信息相容性分析

1）工序分组

根据零部件的工艺路线,破甲杀伤弹、杀伤弹、引信零部件工序分组情况如表 3.14～表 3.16 所列。

表 3.14 破甲杀伤弹工序分组表

序号	工序名称	工序内容
1	冲压	压制传爆管
		压制传爆管壳
		钢垫圈冲孔落料
2	车外圆	压环车外圆
		下弹体精车外圆
		上弹体初车外圆
		上弹体精车外圆
		下弹体精车滚花槽
3	磨外圆	上弹体初磨外圆
		上弹体精磨外圆
4	车内孔	压环车内孔
		下弹体精车内形
		上弹体粗车大孔内形

序号	工序名称	工序内容
4	车内孔	上弹体精车大孔内形
		上弹体精车小孔内形
5	镗孔	下弹体钻孔
		下弹体镗孔
		上弹体镗孔
6	加工端面	上弹体平端面
		下弹体平端面
7	药量称量	发射药量
		主装药量
8	药型罩加工	—
9	螺纹加工	上弹体螺纹加工
		下弹体螺纹加工

表 3.15　杀伤弹工序分组表

序号	工序名称	工序内容
1	冲压	冲压下垫片
		冲压密封圈
2	车外圆	弹体精车外形
		弹体精车内形
3	挤压	弹体挤压
		药筒挤压
4	平端面	弹体平端面
5	螺纹加工	弹体螺纹加工
6	预制破片加工	—
7	药量称量	发射药量
		主装药量
8	钻孔	药筒钻孔

表 3.16　引信零部件工序分组表

序号	工序名称	工序内容
1	数控成型	帽数控成型
		引信体数控成型
		活机体数控成型
2	端面加工	帽车端面
		惯性筒车端面
		螺钉平端面
3	钻孔	帽钻孔
		活机体钻孔
		支座钻孔
		底螺钻孔
		压片钻孔
4	冲压	密封圈冲压
		涨圈冲压
		惯性筒冲压
		压圈冲压
		杠杆冲压
5	自动机成型	螺钉自动机成型
		击针自动机成型
6	六角车成型	底螺六角车成型 1
		底螺六角车成型 2
7	落料拉伸	传爆管壳落料拉伸
		导爆管壳落料拉伸

2）面向 SPC 的工序编码

在获得生产流程法的工序分组的基础上,需要对工序进行编码,从而对分组工序进行相似性检验,以获得具有相似性的工序组。根据前面的分析,采用混合编码结构,分为主码和辅助码。主码部分主要描述零件的属性,反映工序的设计相似性,这里采用 9 位 OPTIZ 编码系统。辅码部分主要反映工序相似性码位,反映人、材料在质量变异中的因素。由于环境因素子系统在工序分组中基本一致,故在辅码部分未考虑该部分,辅码包括相似加工子系统和设备子系统两部分。

相似加工子系统采用3位编码分别表示加工类别、加工方式和加工工序;设备子系统采用3位编码分别表示夹具、量具和刀具。这样整个工序编码由15位组成。

3）工序相似性评判

根据产品的加工过程和码位特征,选取比较重要的5个因素作为被评价的特征,并定义为关键码。关键码分别为:F_1为零件类别;F_2为加工方式;F_3为加工工序;F_4为加工材料;F_5为加工刀具。

根据AHP方法和加工工艺,设定两两之间的评估重要程度如表3.17所列。

表3.17 重要度评估表

	F_1	F_2	F_3	F_4	F_5
F_1	1	3	3	4	5
F_2	1/3	1	1	2	3
F_3	1/3	1	1	2	3
F_4	1/4	1/2	1/2	1	3
F_5	1/5	1/3	1/3	1/3	1

则由表3.17组成的评价矩阵如下:

$$\begin{bmatrix} 1 & 3 & 3 & 4 & 5 \\ 1/3 & 1 & 1 & 2 & 3 \\ 1/3 & 1 & 1 & 2 & 3 \\ 1/4 & 1/2 & 1/2 & 1 & 3 \\ 1/5 & 1/3 & 1/3 & 1/3 & 1 \end{bmatrix}$$

计算上述矩阵的最大特征值为5.112,对应的单位特征向量为

$$W = (0.456 \quad 0.183 \quad 0.183 \quad 0.117 \quad 0.061)$$

一致性指标为 $CI = 0.028 < 0.1$ 符合一致性要求,则工序内各码位在相似性评判中所占的权重为向量为

$$W = (0.456 \quad 0.183 \quad 0.183 \quad 0.117 \quad 0.061)$$

工序间的相似性评估采用模糊相似评价法。设评价集为

$$U = (F_1 \quad F_2 \quad F_3 \quad F_4 \quad F_5)$$

评语集为

$$V = (相似,不相似) = (1,0)$$

根据两道工序的编码对应的代码,代码相同取1,不同则取0,可分别得到5个因素的模糊评价结果组成的评价矩阵为

$$R = \begin{bmatrix} r_{11} & r_{12} \\ r_{21} & r_{22} \\ r_{31} & r_{32} \\ r_{41} & r_{42} \\ r_{51} & r_{52} \end{bmatrix} \qquad (3.109)$$

进而

$$Y = W = (w_1, w_2, w_3, w_4, w_5) \begin{bmatrix} r_{11} & r_{12} \\ r_{21} & r_{22} \\ r_{31} & r_{32} \\ r_{41} & r_{42} \\ r_{51} & r_{52} \end{bmatrix} = (s_1, s_2) \qquad (3.110)$$

根据工序相似性要求,设定阈值为0.75。表3.18~表3.20给出了计算结果。从表中可以看出,前面的分组中,大部分工序与对比工序是相似的,对于不相似的工序单独检验,因此每个工序组选取对比工序进行检验可以反映产品的整体质量。

表 3.18　破甲杀伤弹工序分组表

序号	工序名称	工序内容	相似性检验结果	结论
1	冲压	压制传爆管壳	—	—
		压制传爆管	(1,0)	相似
		钢垫圈冲孔落料	(0.883,0.117)	相似
2	车外圆	上弹体精车外圆	—	—
		下弹体精车外圆	(0.822,0.178)	相似
		上弹体初车外圆	(0.939,0.061)	相似
		压环车外圆	(0.178,0.822)	不相似
		上弹体精车滚花槽	(1,0)	相似
3	磨外圆	上弹体精磨外圆	—	—
		上弹体初磨外圆	(1,0)	相似
4	车内孔	上弹体精车大孔内形	—	—
		下弹体精车内形	(0.822,0.178)	相似
		上弹体粗车大孔内形	(1,0)	—
		压环车内孔	(0.178,0.822)	不相似
		上弹体精车小孔内形	(1,0)	相似

序号	工序名称	工序内容	相似性检验结果	结论
5	镗孔	下弹体镗孔	(0.796,0.204)	相似
		下弹体钻孔	(0.796,0.204)	相似
		上弹体镗孔	(1,0)	相似
6	加工端面	上弹体平端面	—	—
		下弹体平端面	(1,0)	相似
7	药型罩加工	—	—	—
8	螺纹加工	上弹体螺纹加工	—	—
		下弹体螺纹加工	(1,0)	相似

表 3.19　杀伤弹工序分组表

序号	工序名称	工序内容	相似性检验结果	结论
1	冲压	冲压密封圈	—	—
		冲压下垫片	(1,0)	相似
2	车外圆	弹体精车内形	—	—
		弹体精车外形	(0.939,0.061)	相似
3	挤压	弹体挤压	—	—
		药筒挤压	(1,0)	相似

表 3.20　引信工序分组表

序号	工序名称	工序内容	相似性检验结果	结论
1	数控成型	活机体数控成型	—	—
		引信体数控成型	(0.939,0.061)	相似
		帽数控成型	(0.817,0.183)	相似
2	端面加工	帽车端面	—	—
		惯性筒车端面	(0.639,0.361)	不相似
		螺钉平端面	(0.796,0.204)	相似
3	钻孔	活机体钻孔	—	—
		帽钻孔	(0.883,0.117)	相似
		支座钻孔	(0.883,0.117)	相似
		底螺钻孔	(0.883,0.117)	相似
4	冲压	压圈冲压	—	—
		杠杆冲压	(1,0)	相似

序号	工序名称	工序内容	相似性检验结果	结论
5	自动机成型	击针自动机成型	—	—
		螺钉自动机成型	(0.817,0.183)	相似
6	六角车成型	底螺六角车成型1	—	—
		底螺六角车成型2	(1,0)	相似
7	落料拉伸	导爆管壳落料拉伸	—	—
		传爆管壳落料拉伸	(1,0)	相似

4）检验工序的确定

根据以上的分组检验结果，对于相似工序，通过检验对比工序可以反映相似组的加工特性；对于不相似的工序，进行单独检验即可，这样整个系统的加工能力就可以通过确定的检验工序反映。表3.21～表3.23给出了检验工序的质量特性。

表3.21 破甲杀伤弹检验工序及特征量

序号	工序名称	工序内容
1	冲压	压制传爆管壳
2	车外圆	下弹体精车外圆
3	磨外圆	上弹体精磨外圆
4	车内孔	上弹体精车大孔内形
5	镗孔	下弹体镗孔
6	加工端面	上弹体平端面
7	药量称量	发射药量
8	药型罩加工	—
9	压环加工	—

表3.22 杀伤弹检验工序及特征量

序号	工序名称	工序内容
1	冲压	冲压密封圈
2	车外圆	弹体精车内形
3	挤压	弹体挤压
4	平端面	弹体平端面
5	螺纹加工	弹体螺纹加工
6	预制破片加工	—
7	药量称量	发射药量
8	钻孔	药筒钻孔

表 3.23 引信检验工序及特征量

序号	工序名称	工序内容
1	数控成型	引信体数控成型
2	端面加工	惯性筒车端面
3	钻孔	活机体钻孔
4	冲压	惯性筒冲压
5	自动机成型	螺钉自动机成型
6	六角车成型	底螺六角车成型 1
7	落料拉伸	导爆管壳落料拉伸

5）生产稳定性检验及过程能力指数计算

根据不同判稳准则的 α 分析,考虑到工序检验的可操作性,我们确定准则 (2)连续 35 个点,界外点数 $d \leqslant 1$。相应地, $\alpha_2 = 0.0041$。

为了能够反映过程的波动,样本数据采集必须具有随机性,为此根据每道工序加工特点,将批生产过程分成 35 个阶段,在每个阶段内随机检验一组 5 个数据。在每组数据采集中,为保证数据的一致性,即样本内数据只有因随机误差引起的微小波动,每个数据所代表过程没有差异,每组数据采集自同一状况和技术条件下样本。

计算 $\bar{x} - S$ 图控制线并作图,表 3.24 给出了 $\bar{x} - S$ 图控制点子出界统计表,根据判稳准则 2 和判异准则 1～8,对于破甲杀伤弹、杀伤弹、引信所选工序来说,其生产过程是稳定的。

表 3.24 点子出界统计表

弹种	零部件	第一批		第二批		第三批	
		S 图	$\bar{x}$ 图	S 图	$\bar{x}$ 图	S 图	$\bar{x}$ 图
破甲杀伤弹	管壳	0	0	0	0	0	0
	传爆管	0	0	0	0	0	0
	上弹体 1	0	0	1	0	0	0
	上弹体 2	0	1	0	0	0	0
	下弹体 1	0	0	0	0	0	0
	下弹体 2	0	0	0	0	0	0
	药型罩 1	1	0	0	0	0	0
	药型罩 2	0	0	0	0	0	0

弹种	零部件	第一批		第二批		第三批	
		S 图	$\bar{x}$图	S 图	$\bar{x}$图	S 图	$\bar{x}$图
杀伤弹	药筒	0	0	0	0	0	0
	弹体 1	0	0	0	0	0	0
	弹体 2	0	0	1	0	0	0
	预制破片	0	0	0	0	0	0
	垫圈	1	0	0	0	0	0
引信	引信体	0	0	0	0	0	0
	螺钉	0	0	1	0	0	0
	活机体	0	0	0	0	0	0
	杠杆	0	0	0	0	0	1

表 3.25 给出了过程能力 C_{PK} 的计算结果,根据表 3.25,对于破甲杀伤弹、杀伤弹、引信所选工序来说,其过程能力为 1 级,过程能力充分。

表 3.25　过程能力指数 C_{PK}

弹种	零部件	第一批	第二批	第三批
破甲杀伤弹	管壳	1.57	1.54	1.45
	传爆管	1.50	1.50	1.56
	上弹体 1	1.46	1.58	1.50
	上弹体 2	1.54	1.49	1.49
	下弹体 1	1.57	1.54	1.56
	下弹体 2	1.53	1.55	1.56
	药型罩 1	1.54	1.47	1.57
	药型罩 2	1.56	1.53	1.58
杀伤弹	药筒	1.49	1.55	1.50
	弹体 1	1.51	1.53	1.55
	弹体 2	1.53	1.54	1.51
	预制破片	1.52	1.54	1.43
	垫圈	1.51	1.44	1.47
引信	引信体	1.44	1.47	1.49
	螺钉	1.46	1.44	1.43
	活机体	1.54	1.50	1.49
	杠杆	1.48	1.49	1.52

3.7.2.2 试验方案设计

根据交验信息,杀伤弹和破甲杀伤弹在先验参数和先验分布如表 3.26、表 3.27,图 3.11、图 3.12 所示。

表 3.26 杀伤弹不同试验先验参数

试前参数 \ 试验项目	勤务性能	高温	低温
a	28.0216	30.5433	30.5433
b	0.5020	0.5820	0.5820

表 3.27 破甲杀伤弹不同试验先验参数

试前参数 \ 试验项目	松土地面作用可靠性			破甲试验		
	勤务性能	高温	低温	勤务性能	高温	低温
a	35.7925	49.4695	49.4695	11.9982	9.4392	9.4392
b	0.7267	1.1335	1.1335	1.1132	0.8275	0.8275

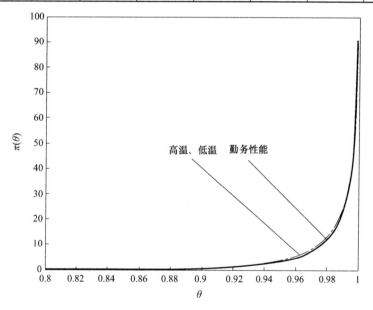

图 3.11 不同环境条件下杀伤弹正常作用率先验分布密度

于是,杀伤弹和破甲杀伤弹的先验分布如下。

1)杀伤弹松土地面作用可靠性

勤务性能:$\pi(\theta) = \dfrac{\Gamma(28.5236)}{\Gamma(28.0216)\Gamma(0.5020)}\theta^{27.0216}(1-\theta)^{-0.4980}$

73

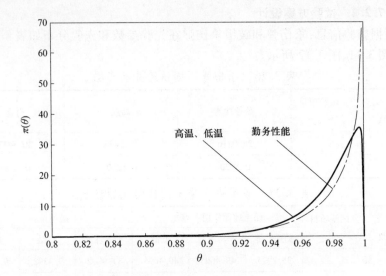

图 3.12   不同环境条件下破甲杀伤弹正常作用率先验分布密度

高温试验：$\pi(\theta) = \dfrac{\Gamma(31.1253)}{\Gamma(30.5433)\Gamma(0.5820)}\theta^{29.5433}(1-\theta)^{-0.4180}$

低温试验：$\pi(\theta) = \dfrac{\Gamma(31.1253)}{\Gamma(30.5433)\Gamma(0.5820)}\theta^{29.5433}(1-\theta)^{-0.4180}$

2）破甲杀伤弹松土地面作用可靠性

勤务性能：$\pi(\theta) = \dfrac{\Gamma(36.1592)}{\Gamma(35.7925)\Gamma(0.7267)}\theta^{34.7925}(1-\theta)^{-0.2733}$

高温试验：$\pi(\theta) = \dfrac{\Gamma(50.3060)}{\Gamma(49.4695)\Gamma(1.1335)}\theta^{48.4695}(1-\theta)^{0.1335}$

低温试验：$\pi(\theta) = \dfrac{\Gamma(50.3060)}{\Gamma(49.4695)\Gamma(1.1335)}\theta^{48.4695}(1-\theta)^{0.1335}$

3）破甲杀伤弹破甲试验

勤务性能：$\pi(\theta) = \dfrac{\Gamma(13.1114)}{\Gamma(11.9982)\Gamma(1.1132)}\theta^{10.9982}(1-\theta)^{0.1132}$

高温试验：$\pi(\theta) = \dfrac{\Gamma(10.2677)}{\Gamma(9.4392)\Gamma(0.8275)}\theta^{8.4392}(1-\theta)^{-0.2725}$

低温试验：$\pi(\theta) = \dfrac{\Gamma(10.2677)}{\Gamma(9.4392)\Gamma(0.8275)}\theta^{8.4392}(1-\theta)^{-0.2725}$

74

表 3.28～表 3.30 给出了杀伤弹两类风险 $\alpha \leqslant 0.05, \beta \leqslant 0.05$ 情况下的试验方案。

表 3.28　杀伤弹正常作用率试验方案

项目 失效数	勤务性能				高温、低温			
	n	O_n	α	β	n	O_n	α	β
1	21	4.6889	0.0371	0.0483	—	—	—	—
2	34	2.5140	0.0225	0.0485	36	2.8412	0.0282	0.0484
3	47	1.6479	0.0152	0.0488	49	1.8541	0.0189	0.0494
4	60	1.1902	0.0110	0.0492	63	1.3844	0.0142	0.0491
5	76	1.0149	0.0096	0.0467	77	1.0897	0.0111	0.0490

表 3.29　破甲杀伤弹破甲试验方案

项目 失效数	勤务性能				高温、低温			
	n	O_n	α	β	n	O_n	α	β
1	—	—	—	—	6	6.7094	0.0619	0.0444
2	9	4.1455	0.0378	0.0473	9	3.4047	0.0329	0.0494
3	13	3.0023	0.0292	0.0457	13	2.4680	0.0255	0.0473
4	16	2.0179	0.0188	0.0490	17	1.9313	0.0205	0.0459
5	20	1.6595	0.0158	0.0478	20	1.3705	0.0139	0.0490

表 3.30　破甲杀伤弹正常作用率试验方案

项目 失效数	勤务性能				高温、低温			
	n	O_n	α	β	n	O_n	α	β
1	23	5.6459	0.0536	0.0492	—	—	—	—
2	37	3.2243	0.0341	0.0492	39	4.1369	0.0488	0.0499
3	51	2.1895	0.0240	0.0494	54	2.9308	0.0358	0.0498
4	65	1.6245	0.0179	0.0496	69	2.2387	0.0277	0.0497
5	79	1.2712	0.0139	0.0499	84	1.7932	0.0222	0.0497

表 3.31 和表 3.32 给出了两种弹的试验结果的稳健性分析结果,从中表明在显著性水平 $\alpha = 0.05$ 之下,所确定的不同试验项目的先验分布是稳健的。表 3.33～表 3.36 为两种弹的估计结果。

表 3.31　杀伤弹生产定型试验结果稳健性检验结果($\alpha = 0.05$)

项目 ＼ 参数		M	第1批		第2批		第3批	
			f	n	f	n	f	n
杀伤弹正常作用率	勤务性能	3	2	36	0	36	0	36
	高温	3	1	36	0	36	2	36
	低温	3	1	36	1	36	2	36

表 3.32　破甲杀伤弹生产定型试验结果稳健性检验结果($\alpha = 0.05$)

项目 ＼ 参数		M	第1批		第2批		第3批	
			f	n	f	n	f	n
破甲杀伤弹正常作用率	勤务性能	3	1	39	0	39	0	39
	高温	3	1	39	0	39	0	39
	低温	3	0	39	0	39	0	39
破甲杀伤弹破甲	勤务性能	2	2	9	1	9	0	9
	高温	2	1	10	1	10	0	10
	低温	2	1	10	2	10	2	10

表 3.33　杀伤弹正常作用率试验点估计结果

项目 ＼ 参数	第1批		第2批		第3批	
	$\hat{\theta}_{E1}$	MSE($\hat{\theta}_{E1}$)	$\hat{\theta}_{E1}$	MSE($\hat{\theta}_{E1}$)	$\hat{\theta}_{E1}$	MSE($\hat{\theta}_{E1}$)
勤务性能	0.9612	0.0006	0.9922	0.0001	0.9922	0.0001
高温	0.9764	0.0003	0.9913	0.0001	0.9615	0.0005
低温	0.9764	0.0003	0.9764	0.0003	0.9615	0.0005

表 3.34　破甲杀伤弹试验点估计结果

项目 ＼ 参数		第1批		第2批		第3批	
		$\hat{\theta}_{E1}$	MSE($\hat{\theta}_{E1}$)	$\hat{\theta}_{E1}$	MSE($\hat{\theta}_{E1}$)	$\hat{\theta}_{E1}$	MSE($\hat{\theta}_{E1}$)
正常作用率	勤务性能	0.9771	0.0003	0.9904	0.0001	0.9904	0.0001
	高温	0.9762	0.0003	0.9873	0.0001	0.9873	0.0001
	低温	0.9873	0.0001	0.9873	0.0001	0.9873	0.0001
破甲率	勤务性能	0.8592	0.0052	0.9044	0.0037	0.9497	0.0021
	高温	0.9098	0.0039	0.9098	0.0039	0.9592	0.0018
	低温	0.9098	0.0039	0.8605	0.0056	0.8605	0.0056

表 3.35 杀伤弹正常作用率试验区间估计结果($\alpha = 0.05$)

项目 \ 参数	第 1 批			第 2 批			第 3 批		
	f	n	θ_L	f	n	θ_L	f	n	θ_L
勤务性能	2	36	0.9155	0	36	0.9702	0	36	0.9702
高温	1	36	0.9403	0	36	0.9685	2	36	0.9169
低温	1	36	0.9403	1	36	0.9403	2	36	0.9169

表 3.36 破甲杀伤弹试验区间估计结果($\alpha = 0.05$)

项目 \ 参数		第 1 批			第 2 批			第 3 批		
		f	n	θ_L	f	n	θ_L	f	n	θ_L
正常作用率	勤务性能	1	39	0.9437	0	39	0.9678	0	39	0.9678
	高温	1	39	0.9452	0	39	0.9639	0	39	0.9639
	低温	0	39	0.9639	0	39	0.9639	0	39	0.9639
破甲率	勤务性能	2	9	0.7239	1	9	0.7867	0	9	0.8585
	高温	1	10	0.7891	1	10	0.7891	0	10	0.8719
	低温	1	10	0.7891	2	10	0.7192	2	10	0.7192

3.7.3 基于 SPOT 的试验方案设计与分析

特种弹的特种效应试验是产品研制、生产和验收过程中的重要项目,由于特种效应试验具有设备要求高、物资器材消耗多、试验难度大的特点,如何减少试验子样、设备工作时间和物资消耗是产品研制和验收部门的急待解决的问题。动态引燃效能试验是向枪口前方设置的装满汽油的油桶射击,试验消耗大,试验成本高,而且试验危险性大。如果采用常规序贯检验方法,在 $q_0 = 0.1$,$q_1 = 0.4$ 条件下,取 $\alpha = \beta = 0.1$,临界值为

$$a_n = 0.226n + 1.227$$
$$b_n = 0.226n - 1.227$$

表 3.37 为不同射弹情况下的临界值。

表 3.37 $\alpha = \beta = 0.10$ 的临界值表

弹序 \ 结果	a_n	b_n
6	2.583	0.129
7	2.809	0.355
8	3.035	0.581
9	3.262	0.807
10	4.489	1.033

从表 3.37 可以看出:试验的最少子样为 6。如果连续射击 6 发,全部引燃,则试验结束;如果出现 1 发未引燃,则需要 10 发,才能判断试验结果满足要求。

在试验前,获得先验信息:发射 6 发弹药,全部引燃油桶内汽油。在 $q_0 = 0.1, q_1 = 0.4$ 条件下,取 $\alpha = \beta = 0.1$,计算先验概率为

$$P_{H_0} = \frac{(q_0)^{F(0)}(1-q_0)^{S(0)}}{q_0^{F(0)}(1-q_0)^{S(0)} + (q_1)^{F(0)}(1-q_1)^{S(0)}} = \frac{1}{1+\left(\dfrac{0.6}{0.9}\right)^{5.29}} = 0.9193$$

$$P_{H_1} = 1 - P_{H_0} = 0.0807$$

序贯检验的临界关系式为

$$a_n = 0.226n + 2.585$$
$$b_n = 0.226n + 0.584$$

表 3.38 为不同的试验结果各参数的计算结果。

表 3.38　试验结果表

弹序 \ 分类 结果		$S^{(1)}$	$F^{(1)}$	a_n	b_n	χ^2	$\chi^2_{0.05,1}$
1	引燃	1	0	2.811	0.810	0	
	未燃	0	1			—	
2	引燃	1	1	3.037	1.036	3.4293	3.84
	未燃	0	2			—	
3	引燃	1	2	3.263	1.263	5.139	
	未燃	0	3			—	

从表 3.38 可以看出:

(1) 射击 1 发,如果引燃,则非正常作用数为 0,落入接收区,且先验数据和验后数据相容,试验结果满足指标要求,试验结束;如果未引燃,继续试验。

(2) 射击 2 发,如果引燃,则非正常作用数为 1,落入接收区,且先验数据和验后数据相容,试验结果满足指标要求,试验结束;如果未引燃,继续试验。

(3) 射击 3 发,如果引燃,则非正常作用数为 2,落入继续试验区,且但先验数据和验后数据不相容,试验结果不满足要求。也就是说,在射击 2 发,就可以判断结果是否满足指标要求。

采用贝叶斯序贯检验方法,与军标相比,能够减少 80% ~90% 的试验子样,而且只需引燃 1 桶汽油即可,既可大大减少试验子样和试验消耗,又可提高试验的安全性;与序贯检验方法相比,能够减少 80% 以上的试验子样和物资消耗。

第4章 射程和密集度试验设计与评估

　　射程和密集度试验是评定产品弹道性能的重要试验项目,对于常规弹药一般进行3组或6组,每组20发。随着武器系统的复杂化、精确化,弹药成本大幅度增加,现行试验方法面临严峻考验。采用现场试验信息,运用分组序贯的方法,将前一组的试验数据作为后一组的先验信息,根据现场试验结果进行现场决策,从而减小武器弹药和物资器材消耗。

4.1　最大射程试验设计与评估

4.1.1　无信息先验下最大射程试验设计

4.1.1.1　无信息先验下最大射程的密度函数

　　最大射程一般可以认为其服从正态分布 $L \sim N(\mu, \sigma^2)$,最大射程试验就是根据试验结果,对正态分布的均值进行推断,以判定其是否满足战术技术指标要求。对于最大射程,指标值给出的是所允许的下限,即 $\mu \geq \mu_0$ 。一种比较简单的方法是假定 σ^2 为已知的,这是一种工程化的近似方法,应该说,子样 X 的信息没有被充分地利用。在靶场试验之前,一般不能准确知道 σ^2 ,也就是说,对于射程的检验是在方差未知的条件下对均值进行统计推断。事实上,当 (μ, σ^2) 均为未知时,须运用联合充分统计量 $(\bar{X}, S^2)$ 。记 $\theta = (\mu, \sigma^2)$,则

$$\pi(\theta | X) = \pi(\theta | \bar{X}, S^2) \tag{4.1}$$

当 $\theta = (\mu, \sigma^2)$ 给定之下, $\bar{X} | \theta : N\left(\mu, \dfrac{\sigma^2}{n}\right)$,即

$$f(\bar{X} | \theta) \propto (\sigma^2)^{-1/2} \mathrm{e}^{-\frac{n}{2\sigma^2}(\bar{X} - \mu)} (\sigma^2)^{-(\beta_1 + 1)} \mathrm{e}^{-\frac{\alpha_1}{\sigma^2}} \tag{4.2}$$

而当 $\theta = (\mu, \sigma^2)$ 给定时,记 $\sigma^2 = D$,则 $S^2(u)$ 的密度函数为

$$f(u | \theta) \propto u^{\frac{n-3}{2}} \mathrm{e}^{-\frac{nu}{2D}} D^{-\frac{n-1}{2}}, u \geq 0 \tag{4.3}$$

由于 $(\bar{X}, S^2)$ 独立, $(\bar{X}, S^2)$ 的联合密度为(θ给定时)

$$f(\overline{X},u\,|\,\theta) \propto D^{-\frac{n}{2}} \mathrm{e}^{-\frac{n}{2D}(X-\mu)^2} u^{\frac{n-3}{2}} \mathrm{e}^{-\frac{nu}{2D}} D^{-\frac{n-1}{2}} \tag{4.4}$$

在无信息先验情况下,根据 Jeffreys 准则

$$\pi(\mu) \propto 1, \pi(D) \propto \frac{1}{D}$$

将 μ、D 看作独立的随机变量,则

$$\pi(\mu,D) \propto \frac{1}{D}$$

$\theta = (\mu,D)$ 的后验密度为

$$\pi(\mu,D\,|\,\overline{X},u) = f(\overline{X},u\,|\,\mu,D)\pi(\mu,D) \propto D^{-\frac{1}{2}} \mathrm{e}^{-\frac{n}{2D}(X-\mu)^2} \mathrm{e}^{-\frac{nu}{2D}} D^{-\frac{n+1}{2}} \tag{4.5}$$

或

$$\pi(\mu,D\,|\,\overline{X},u) \propto D^{-\frac{1}{2}} \mathrm{e}^{-\frac{n}{2D}(X-\mu)^2} \mathrm{e}^{-\frac{\alpha_1}{D}} D^{-(\beta_1+1)} \tag{4.6}$$

其中

$$\alpha_1 = \frac{nu}{2} = \frac{1}{2}\sum_{i=1}^{n}(X_i - \overline{X})^2, \beta_1 = \frac{n-1}{2}$$

这样,$\theta = (\mu,D)$ 的后验分布为正态—逆伽马分布,由此得

$$\pi(\mu,D\,|\,\overline{X},S^2) = f(\mu\,|\,D) \cdot g(D;\alpha_1,\beta_1) \tag{4.7}$$

其中

$$f(\mu\,|\,D) = N\left(\overline{X},\frac{D}{n}\right), g(D;\alpha_1,\beta_1) = \frac{\alpha_1^{\beta_1}}{\Gamma(\beta_1)} D^{-(\beta_1+1)} \mathrm{e}^{-\frac{\alpha_1}{D}}$$

对正态均值进行统计推断,需对 $\theta = (\mu,D)$ 的后验分布进行积分:

$$\pi(\mu\,|\,\overline{X},S^2) = \int_0^\infty \pi(\mu,D\,|\,\overline{X},S^2)\mathrm{d}D = \int_0^\infty f(\mu\,|\,D) \cdot g(D;\alpha_1,\beta_1)\mathrm{d}D$$

$$= \int_0^\infty \mathrm{e}^{-\frac{n(X-\mu)^2+2\alpha_1}{2D}} D^{-(\beta_1+0.5+1)}\mathrm{d}D \propto \frac{\Gamma(\beta_1+0.5)}{\left[\frac{n(\overline{X}-\mu)^2+2\alpha_1}{2}\right]^{\beta_1+0.5}}$$

$$\propto (n(\overline{X}-\mu)^2+\alpha_1)^{-\left(\frac{2\beta_1+1}{2}\right)} \propto \left[1 + \frac{1}{(2\beta_1)}\frac{(\overline{X}-\mu)^2}{\alpha_1/(n\beta_1)}\right]^{-\left(\frac{2\beta_1+1}{2}\right)}$$

$$\tag{4.8}$$

式(4.8)为自由度为 $2\beta_1$ 学生 t 分布 $t[2\beta_1,\overline{X},(\alpha_1/n\beta_1)^{0.5}]$ 的核,也就是说

$$\pi(\mu\,|\,X) \sim t[2\beta_1,\overline{X},(\alpha_1/n\beta_1)^{0.5}] \tag{4.9}$$

4.1.1.2　无信息先验下最大射程假设检验的基本公式

对于最大射程试验建立如下统计假设:

80

$$H_0 : L \geq L_0 , \quad H_1 : L < L_0$$

相应的后验概率分别为

$$\alpha_0 = P(L \geq L_0 \mid X), \quad \alpha_1 = P(L < L_0 \mid X)$$

后验加权概率比为

$$O_n = \frac{\alpha_0}{\alpha_1} = \frac{P(L \geq L_0 \mid X)}{P(L < L_0 \mid X)} = \frac{\int_{L \geq L_0} \pi(\theta \mid X) \, d\theta}{\int_{L < L_0} \pi(\theta \mid X) \, d\theta} \qquad (4.10)$$

这样对于最大射程试验的假设检验问题,可以按上述方法计算后验加权概率比进行判断。但这要计算两个积分,对于非中心学生分布,具有一定的运算量,对于实际应用受到限制。可采用比较后验分布中位数的方法进行判定,无须进行积分,只需比较检验指标值与后验中位数,便可得到结论。其方法如下:

对于后验密度函数 $\pi(\theta \mid X)$,设其后验中位数为 m,则有

$$\int_{L > m} \pi(\theta \mid X) \, d\theta = \int_{L < m} \pi(\theta \mid X) \, d\theta = 0.5 \qquad (4.11)$$

又 $P(k) = \int_0^k \pi(\theta \mid X) \, d\theta$ 是 k 的不减函数,因此有

当 $L_0 > m$ 时,有

$$
\begin{aligned}
\alpha_1 &= \int_{L < L_0} \pi(\theta \mid X) \, d\theta > \int_{L < m} \pi(\theta \mid X) \, d\theta \\
&= \int_{L > m} \pi(\theta \mid X) \, d\theta > \int_{L > L_0} \pi(\theta \mid X) \, d\theta = \alpha_0 \qquad (4.12)
\end{aligned}
$$

采纳 H_1 认为 $L < L_0$。

当 $L_0 < m$ 时,有

$$
\begin{aligned}
\alpha_1 &= \int_{L < L_0} \pi(\theta \mid X) \, d\theta < \int_{L < m} \pi(\theta \mid X) \, d\theta \\
&= \int_{L > m} \pi(\theta \mid X) \, d\theta < \int_{L > L_0} \pi(\theta \mid X) \, d\theta = \alpha_0 \qquad (4.13)
\end{aligned}
$$

采纳 H_0 认为 $L > L_0$。

4.1.1.3 试验方案设计

现行最大射程是进行 3 组,每组 10 发。这里采用分组序贯方法进行试验决策。

1)第一组试验的检验

在进行第一组试验,获得 $L^{(1)} = (L_1^{(1)}, L_2^{(1)}, \cdots, L_{n_1}^{(1)})$ 之后,根据式(4.13)可知,最大射程服从 $\pi(\mu \mid L^{(1)}) \sim t[2\beta_1, \overline{L}^{(1)}, (\alpha_1 / n_1 \beta_1)^{0.5}]$,其后验中位数为 $\mu_1 = \overline{L}^{(1)} = \frac{1}{n_1} \sum_1^{n_1} L_i^{(1)}$。

当 $\overline{L}^{(1)} < L_0$ 时，采纳 H_1，认为最大射程不满足战术技术指标要求；当 $\overline{L}^{(1)} \geqslant L_0$ 时，采纳 H_0，认为最大射程满足战术技术指标要求，从而可以看出这就是现行的最大射程判定方法。在进行判断之后，两类风险的计算采用如下方法。

根据式(4.10)，有

$$
\begin{aligned}
O_n &= \frac{\alpha_0}{\alpha_1} = \frac{P(L \geqslant L_0 \mid L)}{P(L < L_0 \mid L)} = \frac{\int_{L \geqslant L_0} \pi(\theta \mid L)\,\mathrm{d}\theta}{\int_{L < L_0} \pi(\theta \mid L)\,\mathrm{d}\theta} \\[2mm]
&= \frac{\int_{L \geqslant L_0} t[2\beta_1, \overline{L}^{(1)}, (\alpha_1/n_1\beta_1)^{0.5}]\,\mathrm{d}\theta}{\int_{L < L_0} t[2\beta_1, \overline{L}^{(1)}, (\alpha_1/n_1\beta_1)^{0.5}]\,\mathrm{d}\theta} \\[2mm]
&= \frac{\int_{L \geqslant L_0} \left[1 + \frac{1}{(2\beta_1)} \frac{(\overline{L}^{(1)} - \mu)^2}{\alpha_1/(n_1\beta_1)}\right]^{-\left(\frac{2\beta_1+1}{2}\right)}\,\mathrm{d}\theta}{\int_{L < L_0} \left[1 + \frac{1}{(2\beta_1)} \frac{(\overline{L}^{(1)} - \mu)^2}{\alpha_1/(n_1\beta_1)}\right]^{-\left(\frac{2\beta_1+1}{2}\right)}\,\mathrm{d}\theta}
\end{aligned}
\tag{4.14}
$$

令 $t = \dfrac{(\overline{L}^{(1)} - \mu)}{[\alpha_1/(n_1\beta_1)]^{0.5}}$，则式(4.14)化为

$$
\begin{aligned}
O_n &= \frac{\int_{L_0}^{+\infty} \left[1 + \frac{1}{(2\beta_1)} \frac{(\overline{L}^{(1)} - \mu)^2}{\alpha_1/(n_1\beta_1)}\right]^{-\left(\frac{2\beta_1+1}{2}\right)}\,\mathrm{d}\mu}{\int_{0}^{L_0} \left[1 + \frac{1}{(2\beta_1)} \frac{(\overline{L}^{(1)} - \mu)^2}{\alpha_1/(n_1\beta_1)}\right]^{-\left(\frac{2\beta_1+1}{2}\right)}\,\mathrm{d}\mu} \\[2mm]
&= \frac{\int_{L_0}^{+\infty} \left[1 + \frac{1}{(2\beta_1)} \frac{(\overline{L}^{(1)} - \mu)^2}{\alpha_1/(n_1\beta_1)}\right]^{-\left(\frac{2\beta_1+1}{2}\right)}\,\mathrm{d}\mu}{\int_{-\infty}^{L_0} \left[1 + \frac{1}{(2\beta_1)} \frac{(\overline{L}^{(1)} - \mu)^2}{\alpha_1/(n_1\beta_1)}\right]^{-\left(\frac{2\beta_1+1}{2}\right)}\,\mathrm{d}\mu} \\[2mm]
&= \frac{\int_{\frac{(L^{(1)} - L_0)}{(\alpha_1/(n_1\beta_1))^{0.5}}}^{+\infty} \left(1 + \frac{t^2}{2\beta_1}\right)^{-\left(\frac{2\beta_1+1}{2}\right)}\,\mathrm{d}\mu}{\int_{-\infty}^{\frac{(L^{(1)} - L_0)}{(\alpha_1/(n_1\beta_1))^{0.5}}} \left(1 + \frac{t^2}{2\beta_1}\right)^{-\left(\frac{2\beta_1+1}{2}\right)}\,\mathrm{d}\mu} \\[2mm]
&= \frac{1 - T_{2\beta_1}\left[\frac{(\overline{L}^{(1)} - L_0)}{(\alpha_1/(n_1\beta_1))^{0.5}}\right]}{T_{2\beta_1}\left[\frac{(\overline{L}^{(1)} - L_0)}{(\alpha_1/(n_1\beta_1))^{0.5}}\right]}
\end{aligned}
\tag{4.15}
$$

$$P(O_n < 1 \mid L \geqslant L_0) = P\left\{\frac{1 - T_{2\beta_1}\left[\dfrac{(\overline{L}^{(1)} - L_0)}{(\alpha_1/(n_1\beta_1))^{0.5}}\right]}{T_{2\beta_1}\left[\dfrac{(\overline{L}^{(1)} - L_0)}{(\alpha_1/(n_1\beta_1))^{0.5}}\right]} < 1 \mid L \geqslant L_0\right\}$$

$$= P\left\{\frac{(\mu - \overline{L}^{(1)})}{(\alpha_1/(n_1\beta_1))^{0.5}} < \frac{(\mu - L_0)}{(\alpha_1/(n_1\beta_1))^{0.5}} \mid L \geqslant L_0\right\} \tag{4.16}$$

因为 $\dfrac{(\mu - \overline{L}^{(1)})}{(\alpha_1/(n_1\beta_1))^{0.5}}$ 服从标准学生分布,所以式(4.16)等价于

$$P(O_n < 1 \mid L \geqslant L_0) = T_{2\beta_1}\left[\frac{\mu - L_0}{(\alpha_1/(n\beta_1))^{0.5}}\right] \mid L \geqslant L_0 \tag{4.17}$$

因此一类风险为

$$\alpha = \int_{L_0}^{+\infty} T_{2\beta_1}\left[\frac{\mu - L_0}{(\alpha_1/(n\beta_1))^{0.5}}\right]\mathrm{d}\mu \tag{4.18}$$

同样,二类风险为

$$\beta = \int_{-\infty}^{L_0} \left(1 - T_{2\beta_1}\left[\frac{\mu - L_0}{(\alpha_1/(n\beta_1))^{0.5}}\right]\right)\mathrm{d}\mu \tag{4.19}$$

如果两类风险满足要求,则试验终止;如果两类风险不满足要求,则继续进行第二组试验,获得试验数据 $L^{(2)} = (L_1^{(2)}, L_2^{(2)}, \cdots, L_{n_2}^{(2)})$。

2) 第二组试验的检验

对于第二组试验而言,第一组试验可以看作是第二组试验的先验信息,由于 (μ, σ^2) 先验分布与后验分布是共轭的,它仍为正态—逆伽马分布,因此,在第二组试验之后,最大射程仍服从非中心学生分布:

$$\begin{cases} \pi(\mu \mid L) \sim t\left[2\beta_2, \mu_2, (\alpha_2/\eta_2\beta_2)^{0.5}\right], \mu_2 = \dfrac{n_2\overline{L}^{(2)} + n_1\overline{L}^{(1)}}{n_2 + n_1} \\[3mm] \alpha_2 = \alpha_1 + \dfrac{1}{2}\sum_{i=1}^{n_2}(L_i^{(2)} - \overline{L}^{(2)})^2 + \dfrac{1}{2}\dfrac{n_2(\overline{L}^{(2)} - \overline{L}^{(1)})^2}{n_2/n_1 + 1} \\[3mm] \beta_2 = \beta_1 + n_2/2, \eta_2 = n_1 + n_2 \end{cases} \tag{4.20}$$

其后验中位数为 μ_2,当 $\mu_2 < L_0$ 时,采纳 H_1,认为最大射程不满足战术技术指标要求;当 $\mu_2 \geqslant L_0$ 时,采纳 H_0,认为最大射程满足战术技术指标要求,从而可以看出这就是现行的最大射程判定方法。在进行判断之后,两类风险的计算为

$$\begin{cases} \alpha = \int_{L_0}^{+\infty} T_{2\beta_2} \left[\dfrac{\mu - L_0}{(\alpha_2/(\eta_2\beta_2))^{0.5}} \right] \mathrm{d}F^\pi(\mu) \\[3mm] \quad = \int_{L_0}^{+\infty} T_{2\beta_2} \left[\dfrac{\mu - L_0}{(\alpha_2/(\eta_2\beta_2))^{0.5}} \right] t(2\beta_2, \mu_2, (\alpha_2/\eta_2\beta_2)^{0.5}) \mathrm{d}\mu \\[3mm] \beta = \int_{-\infty}^{L_0} \left[1 - T_{2\beta_2} \left(\dfrac{\mu - L_0}{(\alpha_2/(\eta_2\beta_2))^{0.5}} \right) \right] \mathrm{d}F^\pi(\mu) \\[3mm] \quad = \int_{-\infty}^{L_0} \left[1 - T_{2\beta_2} \left(\dfrac{\mu - L_0}{(\alpha_2/(\eta_2\beta_2))^{0.5}} \right) \right] t(2\beta_2, \mu_2, (\alpha_2/\eta_2\beta_2)^{0.5}) \mathrm{d}\mu \end{cases} \tag{4.21}$$

如果两类风险满足要求,则试验终止;如果两类风险不满足要求,则继续进行第三组试验,获得试验数据 $L^{(3)} = (L_1^{(3)}, L_2^{(3)}, \cdots, L_{n_3}^{(3)})$。

3) 第三组试验的检验

对于第三组试验而言,第二组试验可以看作是第三组试验的先验信息,由于 (μ, σ^2) 先验分布与后验分布是共轭的,它仍为正态 — 逆伽马分布,因此,在第三组试验之后,最大射程仍服从非中心学生分布:

$$\begin{cases} \pi(\mu \mid L) \sim t[2\beta_3, \mu_3, (\alpha_3/\eta_3\beta_3)^{0.5}], \mu_3 = \dfrac{\eta_2\mu_2 + n_3 \overline{L}^{(3)}}{\eta_2 + n_3} \\[3mm] \alpha_3 = \alpha_2 + \dfrac{1}{2} \sum_{i=1}^{n_3} (L_i^{(3)} - \overline{L}^{(3)})^2 + \dfrac{1}{2} \dfrac{n_3(\overline{L}^{(3)} - \mu_2)^2}{n_3/\eta_2 + 1} \\[3mm] \beta_3 = \beta_2 + n_3/2, \eta_3 = n_3 + \eta_2 \end{cases} \tag{4.22}$$

其后验中位数为 μ_3。当 $\mu_3 < L_0$ 时,采纳 H_1,认为最大射程不满足战术技术指标要求;当 $\mu_3 \geqslant L_0$ 时,采纳 H_0,认为最大射程满足战术技术指标要求,在进行判断之后,两类风险分别为

$$\begin{cases} \alpha = \int_{L_0}^{+\infty} T_{2\beta_3} \left[\dfrac{\mu - L_0}{(\alpha_3/(\eta_3\beta_3))^{0.5}} \right] \mathrm{d}F^\pi(\mu) \\[3mm] \quad = \int_{L_0}^{+\infty} T_{2\beta_3} \left[\dfrac{\mu - L_0}{(\alpha_3/(\eta_3\beta_3))^{0.5}} \right] t[2\beta_3, \mu_3, (\alpha_3/\eta_3\beta_3)^{0.5}] \mathrm{d}\mu \\[3mm] \beta = \int_{-\infty}^{L_0} \left[1 - T_{2\beta_3} \left(\dfrac{\mu - L_0}{(\alpha_3/(\eta_3\beta_3))^{0.5}} \right) \right] \mathrm{d}F^\pi(\mu) \\[3mm] \quad = \int_{-\infty}^{L_0} \left[1 - T_{2\beta_3} \left(\dfrac{\mu - L_0}{(\alpha_3/(\eta_3\beta_3))^{0.5}} \right) \right] t[2\beta_3, \mu_3, (\alpha_3/\eta_3\beta_3)^{0.5}] \mathrm{d}\mu \end{cases}$$

$$\tag{4.23}$$

4.1.2　有信息先验下的最大射程试验设计

4.1.2.1　先验信息的可信度

正样机试验信息的可信度是和定型试验信息相比较而言,一般通过正样机试验数据和定型试验数据进行相容性检验获得。它是指正样机试验数据和定型试验数据来源于同一总体的概率。

假定正样机试验结果为 $L^{(0)} = (L_1^{(0)}, L_2^{(0)}, \cdots, L_{n_0}^{(0)})$,在定型试验中,在进行第一组试验后,获得 $L^{(1)} = (L_1^{(1)}, L_2^{(1)}, \cdots, L_{n_1}^{(1)})$。

以现场射程信息作为比较标准,将正样机试验子样与之比较,判定是否与现场子样相一致(相容),如果按上述假设,射程服从正态分布,则一致性检验问题转化为期望值相等性检验。

引入统计假设:

H_0:正样机试验子样与现场子样属于同一总体

在正态假定之下,有

H_0:正样机试验子样总体均值期望值与定型试验子样总体均值相同

H_1:正样机试验子样总体均值期望值与定型试验子样总体均值不相同

为此,计算

$$\begin{cases} \bar{L}^{(0)} = \dfrac{1}{n_0} \sum_{i=1}^{n_0} L_i^{(0)}, & S_0^2 = \dfrac{1}{n_0 - 1} \sum_{i=1}^{n_0} (L_i^{(0)} - \bar{L}^{(0)})^2 \\[2mm] \bar{L}^{(1)} = \dfrac{1}{n_1} \sum_{i=1}^{n_1} L_i^{(1)}, & S_1^2 = \dfrac{1}{n_1 - 1} \sum_{i=1}^{n_1} (L_i^{(1)} - \bar{L}^{(1)})^2 \end{cases} \tag{4.24}$$

检验自由度为

$$\nu = \frac{[(S_0^2/n_0) + (S_1^2/n_1)]^2}{\dfrac{(S_0^2/n_0)^2}{n_0 + 1} + \dfrac{(S_1^2/n_1)^2}{n_1 + 1}} - 2 \tag{4.25}$$

相应地,相容性检验问题可化为下面的统计假设问题:

$$H_0 : \bar{L}^{(0)} - \bar{L}^{(1)} = 0, \quad H_1 : \bar{L}^{(0)} - \bar{L}^{(1)} \neq 0$$

因此,在给定一类风险的情况下,有

$$P\left\{ -t_{\alpha/2}(\nu) \leqslant \frac{\bar{L}^{(0)} - \bar{L}^{(1)}}{[(S_0^2/n_0) + (S_1^2/n_1)]^{1/2}} \leqslant t_{\alpha/2}(\nu) \right\} = 1 - \alpha \tag{4.26}$$

当 $-t_{\alpha/2}(\nu)[(S_0^2/n_0) + (S_1^2/n_1)]^{1/2} \leqslant \bar{L}^{(0)} - \bar{L}^{(1)} \leqslant t_{\alpha/2}(\nu)[(S_0^2/n_0) + (S_1^2/n_1)]^{1/2}$ 接受 H_0,否则拒绝认为正样机信息和定型信息不相容。检验的 OC 函数为

$$
\left\{
\begin{aligned}
& \beta(\mu^{(0)} - \mu^{(1)}) = P_{\mu^{(0)} - \mu^{(1)}}(\text{接受 } H_0) \\
& \quad = P_{\mu^{(0)} - \mu^{(1)}} \left\{ -t_{\alpha/2}(\nu) \leqslant \frac{\overline{L}^{(0)} - \overline{L}^{(1)}}{[(S_0^2/n_0) + (S_1^2/n_1)]^{1/2}} \leqslant t_{\alpha/2}(\nu) \right\} \\
& \quad = P_{\mu^{(0)} - \mu^{(1)}} \left\{ -\lambda - t_{\alpha/2}(\nu) \leqslant \frac{\overline{L}^{(0)} - \overline{L}^{(1)} - (\mu^{(0)} - \mu^{(1)})}{[(S_0^2/n_0) + (S_1^2/n_1)]^{1/2}} \leqslant t_{\alpha/2}(\nu) - \lambda \right\} \\
& \quad = T[t_{\alpha/2}(\nu) - \lambda] - T[-t_{\alpha/2}(\nu) - \lambda] \\
& \quad = T[t_{\alpha/2}(\nu) - \lambda] + T[t_{\alpha/2}(\nu) + \lambda] - 1 \\
& \lambda = \frac{(\mu^{(0)} - \mu^{(1)})}{[(S_0^2/n_0) + (S_1^2/n_1)]^{1/2}}
\end{aligned}
\right.
$$

$$(4.27)$$

式中：$\beta(\mu^{(0)} - \mu^{(1)})$ 为 $|\lambda|$ 的严格单调下降函数。

通常认为当 $|\mu^{(0)} - \mu^{(1)}| \geqslant \delta > 0$ 时，正样机试验信息和现场信息的总体分布有显著差异，而当 $|\mu^{(0)} - \mu^{(1)}| < \delta$ 时，正样机试验信息和现场信息的总体分布无显著差异，其中 δ 是根据具体问题给定的两均值差异的容许限。

对于上述双边检验问题，满足 $|\mu^{(0)} - \mu^{(1)}| \geqslant \delta > 0$ 的 $|\mu^{(0)} - \mu^{(1)}|$ 处的函数值 $\beta(\mu^{(0)} - \mu^{(1)}) \leqslant \beta$，其中

$$
\beta = T\left(t_{\alpha/2}(\nu) - \frac{\delta}{[(S_0^2/n_0) + (S_1^2/n_1)]^{1/2}} \right) +
$$

$$
T\left(t_{\alpha/2}(\nu) + \frac{\delta}{[(S_0^2/n_0) + (S_1^2/n_1)]^{1/2}} \right) - 1 \tag{4.28}
$$

即考虑容许限时检验中二类风险不超过 β。

假如接受假设 H_0，即认为正样机试验信息和定型试验信息在检验水平下是相容的，但正样机试验信息毕竟不同于定型试验信息，为了应用正样机试验信息进行统计决策分析，最好能给出正样机试验信息的可信度。

$$
\begin{aligned}
P(H_0 \mid \text{接受} H_0) &= \frac{P(H_0) P(\text{接受} H_0 \mid H_0)}{P(H_0) P(\text{接受} H_0 \mid H_0) + P(H_1) P(\text{接受} H_0 \mid H_1)} \\
&= \frac{1}{1 + \dfrac{P(H_1)}{P(H_0)} \dfrac{\beta}{1 - \alpha}}
\end{aligned} \tag{4.29}
$$

这里

$$
P(\text{接受} H_0 \mid H_0) = 1 - \alpha, \quad P(\text{接受} H_0 \mid H_1) = \beta \tag{4.30}
$$

$P(H_0)$、$P(H_1) = 1 - P(H_0)$ 为先验可信度，可以通过分析正样机试验与设计定型试验的差异性给出。

虽然产品在正样机试验与设计定型试验基本保持一致，但却出现正样机试

验满足战术技术指标要求,而设计定型未满足战术技术指标要求的现象。造成这种问题的主要原因是两者试验条件和产品状态的差异性造成的。因此,在利用正样机试验数据时,必须考虑两者试验条件和产品状态的差异性,对于最大射程试验,两者的差异性通过先验可信度体现。

先验可信度的使用是对经典统计方法和传统贝叶斯方法的合理折中,既克服了传统统计方法没有利用先验信息的弊端,又克服了由于试验条件和产品状态不一致造成的先验信息的误用。当正样机试验与设计定型试验产品没有改变或改变较小时,$P(H_0)$ 取较大值;当正样机试验与设计定型试验条件一致或差别部大,$P(H_0)$ 取较大值。表4.1给出在选择 $P(H_0)$ 时应考虑的因素。根据产品正样机试验情况,根据表中项目确定 $P(H_0)$ 值。

表4.1 选择 $P(H_0)$ 时应考虑的因素

状 态		差 异 性
试验条件	作用目标	主要考虑两次试验作用目标特性的差别大小,对于地面作用可靠性,主要考虑地面的状况的差异性;对于钢板目标主要考虑钢板材料的一致性等
	设备条件	主要考虑参试设备与国军标、相关标准以及靶场设备的一致性
	现场条件	主要考虑现场弹药准备条件、设施设备、场地等条件的一致性
产品状态		主要考虑产品的结构是否调整以及对产品作用可靠性的影响

4.1.2.2 试验方案设计

1)考虑先验信息可信度时的先验、后验分布

若在确定先验分布时,要考虑先验信息的可信度,那么先验信息的分布族可以表示为

$$\Gamma = \{\pi : \pi = (1 - \varepsilon)\pi_0 + \varepsilon q, q \in D\}$$

其中 D 为所有的分布集,$0 < \varepsilon < 1$。这种先验分布族的取法毕竟太宽了。现场试验子样是完全可信赖的,若通过正样机子样与靶场试验子样 X 的一致性检验得到了先验信息的可信度 $\tau = P(H_0|接受H_0)$,就可以考虑用现场试验子样拟合的分布对进行修正,这是一种先验信息加权融合的思想,即

$$\begin{cases} \pi(\theta) = \varepsilon_0 \pi_0(\theta) + \varepsilon_1 \pi_1(\theta) \\ \varepsilon_0 = \tau \\ \varepsilon_1 = 1 - \tau \end{cases} \quad (4.31)$$

这样,θ 的后验分布为

$$\begin{cases} \pi(\theta \mid L) = \dfrac{1}{f(L \mid \pi)} \sum\limits_{i=0}^{1} \varepsilon_i f(L \mid \pi_i) \\[2mm] f(L \mid \pi) = \sum\limits_{i=0}^{1} \varepsilon_i \pi_i(\theta \mid L) f(L \mid \pi_i) \end{cases} \tag{4.32}$$

记

$$\lambda_i = \frac{\varepsilon_i f(L \mid \pi_i)}{f(L \mid \pi)} \tag{4.33}$$

于是的后验分布可表示为

$$\pi(\theta \mid L) = \sum_{i=0}^{1} \lambda_i \pi_i(\theta \mid L) \tag{4.34}$$

假定正样机试验结果为 $L^{(0)} = (L_1^{(0)}, L_2^{(0)}, \cdots, L_{n_0}^{(0)})$，在 σ^2 任意给定后，在不考虑先验分布可信度时，$\theta = (\mu, D)$ 的后验分布为正态—逆伽马分布：

$$\pi_0(\mu, D \mid \overline{X}, S^2) = f(\mu \mid D) \cdot g(D; \alpha_0, \beta_0) \tag{4.35}$$

式中

$$f(\mu \mid D) = N\left(\mu_0, \frac{D}{n_0}\right), g(D; \alpha_0, \beta_0) = \frac{\alpha_0^{\beta_0}}{\Gamma(\beta_0)} D^{-(\beta_0+1)} e^{-\frac{\alpha_0}{D}} \tag{4.36}$$

其中

$$\alpha_0 = \frac{n_0 u}{2} = \frac{1}{2} \sum_{i=1}^{n_0} (L_i - \overline{L})^2, \beta_0 = \frac{n_0 - 1}{2}, \mu_0 = \overline{L}_0, \eta_0 = n_0$$

若考虑先验子样的可信度，在得到靶场试验数据 $L = (L_1, L_2, \cdots, L_n)$ 即先验子样和现场子样进行一致性检验，得到的先验分布为

$$\pi(\theta) = \lambda_0 \pi_0(\theta) + \lambda_1 \pi_1(\theta) \tag{4.37}$$

其中 $\pi_1(\theta)$ 也是正态—逆伽马分布，参数为

$$\begin{cases} \alpha_1 = \dfrac{nu}{2} = \dfrac{1}{2} \sum\limits_{i=1}^{n} (L_i - \overline{L})^2 \\[2mm] \beta_1 = \dfrac{n-1}{2} \\[2mm] \mu_1 = \overline{L} \\[1mm] \eta_1 = n \end{cases}$$

那么

$$\begin{cases} \pi_0(\mu, D) = N\left(\mu_0^{(1)}, \dfrac{D}{n_0}\right) g(D; \alpha_0, \beta_0) \\[2mm] \pi_1(\mu, D) = N\left(\mu_1^{(1)}, \dfrac{D}{n}\right) g(D; \alpha_1, \beta_1) \end{cases} \tag{4.38}$$

88

在上述假设下,由于 μ、D 的先验和后验分布是共轭的,它们为正态—逆伽马分布:

$$\pi(\mu,D\,|\,L) = \lambda_0 \pi_0(\mu,D\,|\,L) + \lambda_1 \pi_1(\mu,D\,|\,L) \tag{4.39}$$

其中

$$\begin{cases} \pi_0(\mu,D\,|\,L) \sim N\left(\mu_0^{(1)},\dfrac{D}{\eta_0^{(1)}}\right) g(D;\alpha_0^{(1)},\beta_0^{(1)}) \\[3mm] \pi_1(\mu,D\,|\,L) \sim N\left(\mu_1^{(1)},\dfrac{D}{\eta_1^{(1)}}\right) g(D;\alpha_1^{(1)},\beta_1^{(1)}) \end{cases} \tag{4.40}$$

正态—逆伽马分布中的参数分别为

$$\begin{cases} \mu_0^{(1)} = \dfrac{n_0\,\overline{L}^{(0)} + n\,\overline{L}}{n_0 + n}, \eta_0^{(1)} = n_0 + n \\[3mm] \alpha_0^{(1)} = \alpha_0 + \alpha_1 + \dfrac{1}{2}\,\dfrac{n(\overline{L} - \overline{L}^{(0)})^2}{n/n_0 + 1}, \beta_0^{(1)} = \beta_0 + n/2 \\[3mm] \mu_1^{(1)} = \overline{L}, \eta_1^{(1)} = 2n, \alpha_1^{(1)} = 2\alpha_1, \beta_1^{(1)} = n - 1/2 \end{cases} \tag{4.41}$$

这样,最大射程的后验边缘密度为

$$\pi(\mu\,|\,L) \sim \lambda_0 t\left[2\beta_0^{(1)},\mu_0^{(1)},(\alpha_0^{(1)}/\eta_0^{(1)}\beta_0^{(1)})^{0.5}\right] + \\ \lambda_1 t\left[2\beta_1^{(1)},\mu_1^{(1)},(\alpha_1^{(1)}/\eta_1^{(1)}\beta_1^{(1)})^{0.5}\right] \tag{4.42}$$

2)考虑先验信息时最大射程假设检验的基本公式

当 $L_0 > \lambda_0 \mu_0^{(1)} + \lambda_1 \mu_1^{(1)}$ 时,有

$$\begin{aligned} \alpha_1 &= \int_{L<L_0} \pi(\theta\,|\,X)\,\mathrm{d}\theta > \int_{L<m} \pi(\theta\,|\,X)\,\mathrm{d}\theta \\ &= \int_{L>m} \pi(\theta\,|\,X)\,\mathrm{d}\theta > \int_{L>L_0} \pi(\theta\,|\,X)\,\mathrm{d}\theta = \alpha_0 \end{aligned} \tag{4.43}$$

采纳 H_1,认为 $L < L_0$。

当 $L_0 \leqslant \lambda_0 \mu_0^{(1)} + \lambda_1 \mu_1^{(1)}$ 时,有

$$\begin{aligned} \alpha_1 &= \int_{L<L_0} \pi(\theta\,|\,X)\,\mathrm{d}\theta < \int_{L<m} \pi(\theta\,|\,X)\,\mathrm{d}\theta \\ &= \int_{L>m} \pi(\theta\,|\,X)\,\mathrm{d}\theta < \int_{L>L_0} \pi(\theta\,|\,X)\,\mathrm{d}\theta = \alpha_0 \end{aligned} \tag{4.44}$$

采纳 H_0,认为 $L \geqslant L_0$。

3)考虑先验信息时最大射程假设检验方法

(1)第一组试验的检验。

在进行第一组试验,获得 $L^{(1)} = (L_1^{(1)}, L_2^{(1)}, \cdots, L_{n_1}^{(1)})$ 之后,根据式(4.9)可

知,最大射程服从

$$\pi(\mu \mid L^{(1)}) \sim \lambda_0 t[2\beta_0^{(1)}, \mu_0^{(1)}, (\alpha_0^{(1)}/\eta_0^{(1)}\beta_0^{(1)})^{0.5}] +$$
$$\lambda_1 t[2\beta_1^{(1)}, \mu_1^{(1)}, (\alpha_1^{(1)}/\eta_1^{(1)}\beta_1^{(1)})^{0.5}] \qquad (4.45)$$

其中

$$\begin{cases} \mu_0^{(1)} = \dfrac{n_0 \overline{L}^{(0)} + n_1 \overline{L}^{(1)}}{n_0 + n_1} \\[3mm] \eta_0^{(1)} = n_0 + n_1 \\[3mm] \alpha_0^{(1)} = \alpha_0 + \alpha_1 + \dfrac{1}{2} \dfrac{n_1 (\overline{L}^{(1)} - \overline{L}^{(0)})^2}{n_1/n_0 + 1} \\[3mm] \beta_0^{(1)} = \beta_0 + n_1/2 \\[3mm] \mu_1^{(1)} = \overline{L}^{(1)} \\[3mm] \eta_1^{(1)} = 2n_1 \\[3mm] \alpha_1^{(1)} = 2\alpha_1 \\[3mm] \beta_1^{(1)} = n_1 - 1/2 \end{cases}$$

其后验中位数为 $\lambda_0\mu_0^{(1)} + \lambda_1\mu_1^{(1)}$，当 $\lambda_0\mu_0^{(1)} + \lambda_1\mu_1^{(1)} < L_0$ 时，采纳 H_1，认为最大射程不满足战术技术指标要求；当 $\lambda_0\mu_0^{(1)} + \lambda_1\mu_1^{(1)} \geqslant L_0$ 时，采纳 H_0，认为最大射程满足战术技术指标要求。在进行判断之后，两类风险的计算采用如下方法：

$$\begin{cases} \alpha = \displaystyle\int_{L_0}^{+\infty} \lambda_0 T_{2\beta_0^{(1)}} \Big[\dfrac{\mu - \mu_0^{(1)}}{(\alpha_0^{(1)}/\eta_0^{(1)}\beta_0^{(1)})^{0.5}} \Big] t[2\beta_0, \bar{x}_0, (\alpha_0/n_0\beta_0)^{0.5}] \mathrm{d}\mu \\[4mm] \qquad + \displaystyle\int_{L_0}^{+\infty} \lambda_1 T_{2\beta_1^{(1)}} \Big[\dfrac{\mu - \mu_1^{(1)}}{(\alpha_1^{(1)}/\eta_1^{(1)}\beta_1^{(1)})^{0.5}} \Big] t[2\beta_0, \bar{x}_0, (\alpha_0/n_0\beta_0)^{0.5}] \mathrm{d}\mu \\[4mm] \beta = \displaystyle\int_{-\infty}^{L_0} \lambda_0 \Big[1 - T_{2\beta_0^{(1)}} \Big(\dfrac{\mu - \mu_0^{(1)}}{(\alpha_0^{(1)}/\eta_0^{(1)}\beta_0^{(1)})^{0.5}} \Big) \Big] t[2\beta_0, \bar{x}_0, (\alpha_0/n_0\beta_0)^{0.5}] \mathrm{d}\mu \\[4mm] \qquad + \displaystyle\int_{-\infty}^{L_0} \lambda_1 \Big[1 - T_{2\beta_1^{(1)}} \Big(\dfrac{\mu - \mu_1^{(1)}}{(\alpha_1^{(1)}/\eta_1^{(1)}\beta_1^{(1)})^{0.5}} \Big) \Big] t[2\beta_0, \bar{x}_0, (\alpha_0/n_0\beta_0)^{0.5}] \mathrm{d}\mu \end{cases}$$

$$(4.46)$$

如果两类风险满足要求，则试验终止；如果两类风险不满足要求，则继续进行第二组试验，获得试验数据 $L^{(2)} = (L_1^{(2)}, L_2^{(2)}, \cdots, L_{n_2}^{(2)})$。

（2）第二组试验的检验。

在进行第二组试验，获得 $L^{(1)} = (L_1^{(2)}, L_2^{(2)}, \cdots, L_{n_2}^{(2)})$ 之后，根据式（4.9）可知,最大射程服从

$$\pi(\mu \mid L^{(1)}) \sim \lambda_0 t[2\beta_0^{(2)}, \mu_0^{(2)}, (\alpha_0^{(2)}/\eta_0^{(2)}\beta_0^{(2)})^{0.5}] +$$
$$\lambda_1 t[2\beta_1^{(2)}, \mu_1^{(2)}, (\alpha_1^{(2)}/\eta_1^{(2)}\beta_1^{(2)})^{0.5}] \tag{4.47}$$

其中

$$\begin{cases}
\mu_0^{(2)} = \dfrac{n_2 \bar{L}^{(2)} + \eta_0^{(1)}\mu_0^{(1)}}{n_2 + \eta_0^{(1)}} \\[3mm]
\eta_0^{(2)} = \eta_0^{(1)} + n_2 \\[3mm]
\alpha_0^{(2)} = \alpha_0^{(1)} + \dfrac{1}{2}\displaystyle\sum_{i=1}^{n_2}(L_i^{(2)} - \bar{L}^{(2)})^2 + \dfrac{1}{2}\dfrac{n_2(\bar{L}^{(1)} - \mu_0^{(1)})^2}{n_2/\eta_0^{(1)} + 1} \\[3mm]
\beta_0^{(2)} = \beta_0^{(1)} + n_2/2 \\[3mm]
\mu_1^{(2)} = \dfrac{n_2 \bar{L}^{(2)} + \eta_1^{(2)}\mu_1^{(1)}}{n_2 + \eta_1^{(1)}} \\[3mm]
\eta_1^{(2)} = \eta_1^{(1)} + n_2 \\[3mm]
\alpha_1^{(2)} = \alpha_1^{(1)} + \dfrac{1}{2}\displaystyle\sum_{i=1}^{n_2}(L_i^{(2)} - \bar{L}^{(2)})^2 + \dfrac{1}{2}\dfrac{n_2(\bar{L}^{(1)} - \mu_1^{(1)})^2}{n_2/\eta_1^{(1)} + 1} \\[3mm]
\beta_1^{(2)} = \beta_1^{(1)} + n_2/2
\end{cases}$$

其后验中位数为 $\lambda_0\mu_0^{(2)} + \lambda_1\mu_1^{(2)}$，当 $\lambda_0\mu_0^{(2)} + \lambda_1\mu_1^{(2)} < L_0$ 时，采纳 H_1，认为最大射程不满足战术技术指标要求；

当 $\lambda_0\mu_0^{(2)} + \lambda_1\mu_1^{(2)} \geqslant L_0$ 时，采纳 H_0，认为最大射程满足战术技术指标要求。在进行判断之后，两类风险的计算采用如下方法：

$$\begin{cases}
\alpha = \displaystyle\int_{L_0}^{+\infty}\left[\lambda_0 T_{2\beta_0^{(2)}}\left(\dfrac{\mu - \mu_0^{(2)}}{(\alpha_0^{(2)}/\eta_0^{(2)}\beta_0^{(2)})^{0.5}}\right) + \lambda_1 T_{2\beta_1^{(2)}}\left(\dfrac{\mu - \mu_1^{(2)}}{(\alpha_1^{(2)}/\eta_1^{(2)}\beta_1^{(2)})^{0.5}}\right)\right] \cdot \\[3mm]
\qquad [\lambda_0 t(2\beta_0^{(1)}, \mu_0^{(1)}, (\alpha_0^{(1)}/\eta_0^{(1)}\beta_0^{(1)})^{0.5}) + \\[2mm]
\qquad \lambda_1 t(2\beta_1^{(1)}, \mu_1^{(1)}, (\alpha_1^{(1)}/\eta_1^{(1)}\beta_1^{(1)})^{0.5})]\,\mathrm{d}\mu \\[3mm]
\beta = \displaystyle\int_{-\infty}^{L_0}\left[\lambda_0\left(1 - T_{2\beta_0^{(2)}}\left(\dfrac{\mu - \mu_0^{(2)}}{(\alpha_0^{(2)}/\eta_0^{(2)}\beta_0^{(2)})^{0.5}}\right)\right) + \right. \\[3mm]
\qquad \left. \lambda_1\left(1 - T_{2\beta_1^{(2)}}\left(\dfrac{\mu - \mu_1^{(2)}}{(\alpha_1^{(2)}/\eta_1^{(2)}\beta_1^{(2)})^{0.5}}\right)\right)\right] \cdot \\[3mm]
\qquad [\lambda_0 t(2\beta_0^{(1)}, \mu_0^{(1)}, (\alpha_0^{(1)}/\eta_0^{(1)}\beta_0^{(1)})^{0.5}) + \\[2mm]
\qquad \lambda_1 t(2\beta_1^{(1)}, \mu_1^{(1)}, (\alpha_1^{(1)}/\eta_1^{(1)}\beta_1^{(1)})^{0.5})]\,\mathrm{d}\mu
\end{cases}$$

$$\tag{4.48}$$

如果两类风险满足要求，则试验终止；如果两类风险不满足要求，则继续进行第二组试验,获得试验数据 $L^{(3)} = (L_1^{(3)}, L_2^{(3)}, \cdots, L_{n_3}^{(3)})$。

（3）第三组试验的检验。

在进行第三组试验,获得 $L^{(3)} = (L_1^{(3)}, L_2^{(3)}, \cdots, L_{n_3}^{(3)})$ 之后,根据式（4.9）可知,最大射程服从

$$\pi(\mu \mid L^{(3)}) \sim \lambda_0 t(2\beta_0^{(3)}, \mu_0^{(3)}, (\alpha_0^{(3)}/\eta_0^{(3)}\beta_0^{(3)})^{0.5}) +$$
$$\lambda_1 t(2\beta_1^{(3)}, \mu_1^{(3)}, (\alpha_1^{(3)}/\eta_1^{(3)}\beta_1^{(3)})^{0.5}) \tag{4.49}$$

其中

$$\begin{cases}
\mu_0^{(3)} = \dfrac{n_3 \overline{L}^{(3)} + \eta_0^{(2)}\mu_0^{(2)}}{n_3 + \eta_0^{(1)}} \\[3mm]
\eta_0^{(3)} = \eta_0^{(2)} + n_3 \\[3mm]
\alpha_0^{(3)} = \alpha_0^{(2)} + \dfrac{1}{2}\sum_{i=1}^{n_3}(L_i^{(3)} - \overline{L}^{(3)})^2 + \dfrac{1}{2}\dfrac{n_3(\overline{L}^{(3)} - \mu_0^{(2)})^2}{n_3/\eta_0^{(2)} + 1} \\[3mm]
\beta_0^{(3)} = \beta_0^{(2)} + n_3/2 \\[3mm]
\mu_1^{(3)} = \dfrac{n_3 \overline{L}^{(3)} + \eta_1^{(2)}\mu_1^{(2)}}{n_3 + \eta_1^{(2)}} \\[3mm]
\eta_1^{(3)} = \eta_1^{(2)} + n_3 \\[3mm]
\alpha_1^{(3)} = \alpha_1^{(2)} + \dfrac{1}{2}\sum_{i=1}^{n_3}(L_i^{(3)} - \overline{L}^{(3)})^2 + \dfrac{1}{2}\dfrac{n_3(\overline{L}^{(3)} - \mu_1^{(2)})^2}{n_3/\eta_1^{(2)} + 1} \\[3mm]
\beta_1^{(3)} = \beta_1^{(2)} + n_3/2
\end{cases}$$

其后验中位数为 $\lambda_0\mu_0^{(3)} + \lambda_1\mu_1^{(3)}$,当 $\lambda_0\mu_0^{(3)} + \lambda_1\mu_1^{(3)} < L_0$ 时,采纳 H_1,认为最大射程不满足战术技术指标要求;

当 $\lambda_0\mu_0^{(3)} + \lambda_1\mu_1^{(3)} \geq L_0$ 时,采纳 H_0,认为最大射程满足战术技术指标要求。在进行判断之后,两类风险的计算采用如下方法:

$$\begin{cases}
\alpha = \displaystyle\int_{L_0}^{+\infty}\left[\lambda_0 T_{2\beta_0^{(3)}}\left(\dfrac{\mu - \mu_0^{(3)}}{(\alpha_0^{(3)}/\eta_0^{(3)}\beta_0^{(3)})^{0.5}}\right) + \lambda_1 T_{2\beta_1^{(3)}}\left(\dfrac{\mu - \mu_1^{(3)}}{(\alpha_1^{(3)}/\eta_1^{(3)}\beta_1^{(3)})^{0.5}}\right)\right] \cdot \\[3mm]
\quad [\lambda_0 t(2\beta_0^{(3)}, \mu_0^{(3)}, (\alpha_0^{(3)}/\eta_0^{(3)}\beta_0^{(3)})^{0.5}) + \lambda_1 t(2\beta_1^{(3)}, \mu_1^{(3)}, (\alpha_1^{(3)}/\eta_1^{(3)}\beta_1^{(3)})^{0.5})]\mathrm{d}\mu \\[3mm]
\beta = \displaystyle\int_{-\infty}^{L_0}\left[\lambda_0\left(1 - T_{2\beta_0^{(3)}}\left(\dfrac{\mu - \mu_0^{(3)}}{(\alpha_0^{(3)}/\eta_0^{(3)}\beta_0^{(3)})^{0.5}}\right)\right) + \right. \\[3mm]
\quad \left. \lambda_1\left(1 - T_{2\beta_1^{(3)}}\left(\dfrac{\mu - \mu_1^{(3)}}{(\alpha_1^{(3)}/\eta_1^{(3)}\beta_1^{(3)})^{0.5}}\right)\right)\right] \cdot \\[3mm]
\quad [\lambda_0 t(2\beta_0^{(3)}, \mu_0^{(3)}, (\alpha_0^{(3)}/\eta_0^{(3)}\beta_0^{(3)})^{0.5}) + \lambda_1 t(2\beta_1^{(3)}, \mu_1^{(3)}, (\alpha_1^{(3)}/\eta_1^{(3)}\beta_1^{(3)})^{0.5})]\mathrm{d}\mu
\end{cases}$$
$$\tag{4.50}$$

4.1.3 最大射程试验的参数估计

4.1.3.1 无信息先验下试验参数的估计

1）无先验信息时最大射程的贝叶斯点估计

取损失函数为平方误差函数,即 $L(\mu, \hat{\mu}) = (\mu - \hat{\mu})^2$,于是得到 μ 的贝叶斯点估计为后验期望估计为

$$
\begin{cases}
\hat{\mu}_E = E(\mu \mid L) \\
\mathrm{MSE}(\hat{\mu}_E \mid L) = E^{\theta \mid x}(\mu - \hat{\mu}_E)^2 = \mathrm{Var}(\mu \mid L)
\end{cases}
\tag{4.51}
$$

在第一组试验后,$\pi(\mu \mid L^{(1)}) \sim t(2\beta_1, \overline{L}^{(1)}, (\alpha_1/n_1\beta_1)^{0.5})$,则

$$
\begin{cases}
\hat{\mu}_{E1} = \overline{L}^{(1)} \\
\mathrm{MSE}(\hat{\mu}_{E1} \mid L) = \dfrac{\beta_1}{(\beta_1 - 1)} \cdot \dfrac{\alpha_1}{n_1 \beta_1}
\end{cases}
\tag{4.52}
$$

在第二组试验后,$\pi(\mu \mid L) \sim t(2\beta_2, \mu_2, (\alpha_2/\eta_2\beta_2)^{0.5})$,则

$$
\begin{cases}
\hat{\mu}_{E2} = \dfrac{n_1 \overline{L}^{(1)}}{n_2 + n_1} + \dfrac{n_2 \overline{L}^{(2)}}{n_2 + n_1} \\
\mathrm{MSE}(\hat{\mu}_{E1} \mid L) = \dfrac{\beta_2}{(\beta_2 - 1)} \cdot \dfrac{\alpha_2}{\eta_2 \beta_2}
\end{cases}
\tag{4.53}
$$

在第三组试验后,$\pi(\mu \mid L) \sim t(2\beta_3, \mu_3, (\alpha_3/\eta_3\beta_3)^{0.5})$,则

$$
\begin{cases}
\hat{\mu}_{E3} = \dfrac{\eta_2 \mu_2}{\eta_2 + n_3} + \dfrac{n_3 \overline{L}^{(3)}}{\eta_2 + n_3} \\
\mathrm{MSE}(\hat{\mu}_{E1} \mid L) = \dfrac{\beta_3}{(\beta_3 - 1)} \cdot \dfrac{\alpha_3}{\eta_3 \beta_3}
\end{cases}
\tag{4.54}
$$

2）无先验信息时最大射程的贝叶斯区间估计

由于最大射程服从非中心学生分布,可以计算出最大射程的 $(1 - \alpha)$ HPD 可信区间。

在第一组试验后,$\pi(\mu \mid L^{(1)}) \sim t[2\beta_1, \overline{L}^{(1)}, (\alpha_1/n_1\beta_1)^{0.5}]$,则最大射程双侧置信区间为

$$
\begin{aligned}
1 - \alpha &= P(L_L \leqslant L \leqslant L_R) \\
&= P\left\{ \frac{(\mu_L - \overline{L}^{(1)})}{[\alpha_1/(n_1\beta_1)]^{0.5}} \leqslant \frac{(\mu - \overline{L}^{(1)})}{[\alpha_1/(n_1\beta_1)]^{0.5}} \leqslant \frac{(\mu_R - \overline{L}^{(1)})}{[\alpha_1/(n_1\beta_1)]^{0.5}} \right\} \\
&= P\{ -t_{\alpha/2}(2\beta_1) \leqslant t \leqslant t_{\alpha/2}(2\beta_1) \}
\end{aligned}
\tag{4.55}
$$

由此可得

$$\begin{cases} \mu_L = \overline{L}^{(1)} - t_{\alpha/2}(2\beta_1) [\alpha_1/(n_1\beta_1)]^{0.5} \\ \mu_R = \overline{L}^{(1)} + t_{\alpha/2}(2\beta_1) [\alpha_1/(n_1\beta_1)]^{0.5} \end{cases} \qquad (4.56)$$

所以,最大射程的$(1-\alpha)$HPD双侧可信区间为

$$[\overline{L}^{(1)} - t_{\alpha/2}(2\beta_1)(\alpha_1/(n_1\beta_1))^{0.5}, \overline{L}^{(1)} + t_{\alpha/2}(2\beta_1)(\alpha_1/(n_1\beta_1))^{0.5}] \qquad (4.57)$$

同样可得,最大射程的$(1-\alpha)$HPD单侧置信下限可信区间为

$$[\overline{L}^{(1)} - t_{\alpha}(2\beta_1)(\alpha_1/(n_1\beta_1))^{0.5}, +\infty] \qquad (4.58)$$

在第二组试验后,$\pi(\mu|X) \sim t[2\beta_2, \mu_2, (\alpha_2/\eta_2\beta_2)^{0.5}]$,则最大射程的$(1-\alpha)$HPD双侧可信区间为

$$[\mu_2 - t_{\alpha/2}(2\beta_2)(\alpha_2/(\eta_2\beta_2))^{0.5}, \mu_2 + t_{\alpha/2}(2\beta_2)(\alpha_2/(\eta_2\beta_2))^{0.5}] \qquad (4.59)$$

最大射程的$(1-\alpha)$HPD单侧置信下限可信区间为

$$[\mu_2 - t_{\alpha}(2\beta_2)(\alpha_2/(\eta_2\beta_2))^{0.5}, +\infty] \qquad (4.60)$$

在第三组试验后,$\pi(\mu|L) \sim t[2\beta_3, \mu_3, (\alpha_3/\eta_3\beta_3)^{0.5}]$,则最大射程的$(1-\alpha)$HPD双侧可信区间为

$$[\mu_3 - t_{\alpha/2}(2\beta_3)(\alpha_3/(\eta_3\beta_3))^{0.5}, \mu_3 + t_{\alpha/2}(2\beta_3)(\alpha_3/(\eta_3\beta_3))^{0.5}] \qquad (4.61)$$

最大射程的$(1-\alpha)$HPD单侧置信下限可信区间为

$$[\mu_2 - t_{\alpha}(2\beta_3)(\alpha_3/(\eta_3\beta_3))^{0.5}, +\infty] \qquad (4.62)$$

4.1.3.2 有信息先验下试验参数的估计

取损失函数为平方误差函数,即$L(\mu, \hat{\mu}) = (\mu - \hat{\mu})^2$,于是得到$\mu$的贝叶斯点估计为后验期望估计

$$\hat{\mu}_E = E(\mu|L), \mathrm{MSE}(\hat{\mu}_E|L) = E^{\theta|x}(\mu - \hat{\mu}_E)^2 = \mathrm{Var}(\mu|L) \qquad (4.63)$$

在第一组试验后

$$\pi(\mu|L^{(1)}) \sim \lambda_0 t[2\beta_0^{(1)}, \mu_0^{(1)}, (\alpha_0^{(1)}/\eta_0^{(1)}\beta_0^{(1)})^{0.5}] + \lambda_1 t[2\beta_1^{(1)}, \mu_1^{(1)}, (\alpha_1^{(1)}/\eta_1^{(1)}\beta_1^{(1)})^{0.5}]$$

则

$$\hat{\mu}_{E1} = \lambda_0 \mu_0^{(1)} + \lambda_1 \mu_1^{(1)}, \mathrm{MSE}(\hat{\mu}_{E1}|L)$$

$$= \lambda_0 \frac{\beta_0^{(1)}}{(\beta_0^{(1)} - 1)} \cdot \frac{\alpha_0^{(1)}}{\eta^{(1)}\beta_0^{(1)}} + \lambda_1 \frac{\beta_1^{(1)}}{(\beta_1^{(1)} - 1)} \cdot \frac{\alpha_1^{(1)}}{\eta^{(1)}\beta_1^{(1)}} \qquad (4.64)$$

在第二组试验后

94

$$\pi(\mu \,|\, L^{(1)}) \sim \lambda_0 t \left[2\beta_0^{(2)}, \mu_0^{(2)}, (\alpha_0^{(2)}/\eta_0^{(2)}\beta_0^{(2)})^{0.5}\right] +$$
$$\lambda_1 t \left[2\beta_1^{(2)}, \mu_1^{(2)}, (\alpha_1^{(2)}/\eta_1^{(2)}\beta_1^{(2)})^{0.5}\right] \tag{4.65}$$

则

$$\hat{\mu}_{E2} = \lambda_0 \mu_0^{(2)} + \lambda_1 \mu_1^{(2)}, \mathrm{MSE}(\hat{\mu}_{E2}\,|\,L)$$
$$= \lambda_0 \frac{\beta_0^{(2)}}{(\beta_0^{(2)}-1)} \cdot \frac{\alpha_0^{(2)}}{\eta_0^{(2)}\beta_0^{(2)}} + \lambda_1 \frac{\beta_1^{(2)}}{(\beta_1^{(2)}-1)} \cdot \frac{\alpha_1^{(2)}}{\eta^{(2)}\beta_1^{(2)}} \tag{4.66}$$

在第三组试验后

$$\pi(\mu \,|\, L^{(3)}) \sim \lambda_0 t \left[2\beta_0^{(3)}, \mu_0^{(3)}, (\alpha_0^{(3)}/\eta_0^{(3)}\beta_0^{(3)})^{0.5}\right] +$$
$$\lambda_1 t \left[2\beta_1^{(3)}, \mu_1^{(3)}, (\alpha_1^{(3)}/\eta_1^{(3)}\beta_1^{(3)})^{0.5}\right] \tag{4.67}$$

则

$$\begin{cases} \hat{\mu}_{E3} = \lambda_0 \mu_0^{(3)} + \lambda_1 \mu_1^{(3)} \\ \mathrm{MSE}(\hat{\mu}_{E3}\,|\,L) = \lambda_0 \dfrac{\beta_0^{(3)}}{(\beta_0^{(3)}-1)} \cdot \dfrac{\alpha_0^{(3)}}{\eta_0^{(3)}\beta_0^{(3)}} + \lambda_1 \dfrac{\beta_1^{(3)}}{(\beta_1^{(3)}-1)} \cdot \dfrac{\alpha_1^{(3)}}{\eta_1^{(3)}\beta_1^{(3)}} \end{cases}$$
$$\tag{4.68}$$

4.2 密集度试验设计与评估

4.2.1 无信息先验下的试验设计

4.2.1.1 无信息先验下试验参数的贝叶斯方法

1）无先验信息时密集度的密度函数

弹丸落点散布一般可以认为其服从正态分布 $X \sim N(\mu, \sigma^2)$，当 (μ, σ^2) 均为未知时，且无任何先验信息的情况下，采用联合充分统计量 $(\overline{X}, S^2)$ 进行统计分析。记 $\theta = (\mu, \sigma^2)$，则

$$\pi(\theta\,|\,X) = \pi(\theta\,|\,\overline{X}, S^2) \tag{4.69}$$

当 $\theta = (\mu, \sigma^2)$ 给定之下，$\overline{X}\,|\,\theta \sim N\left(\mu, \dfrac{\sigma^2}{n}\right)$，即

$$f(\overline{X}\,|\,\theta) \propto (\sigma^2)^{-1/2} e^{-\frac{n}{2\sigma^2}(\overline{X}-\mu)} (\sigma^2)^{-(\beta_1+1)} e^{-\frac{\alpha_1}{\sigma^2}} \tag{4.70}$$

记 $\sigma^2 = D$，则 $S^2(u)$ 的密度函数为

$$f(u\,|\,\theta) \propto u^{\frac{n-3}{2}} e^{-\frac{nu}{2D}} D^{-\frac{n-1}{2}}, u \geqslant 0 \tag{4.71}$$

由于$(\overline{X}, S^2)$独立,于是$(\overline{X}, S^2)$的联合密度为(θ给定时)

$$f(\overline{X}, u \mid \theta) \propto D^{-\frac{n}{2}} e^{-\frac{n}{2D}(\overline{X}-\mu)^2} u^{\frac{n-3}{2}} e^{-\frac{nu}{2D}} D^{-\frac{n-1}{2}} \tag{4.72}$$

在无信息先验情况下,根据 Jeffreys 准则

$$\begin{cases} \pi(\mu) \propto 1 \\ \pi(D) \propto \dfrac{1}{D} \end{cases} \tag{4.73}$$

将 μ、D 看作独立的随机变量,则

$$\pi(\mu, D) \propto \frac{1}{D} \tag{4.74}$$

于是 $\theta = (\mu, D)$ 的后验密度为

$$\pi(\mu, D \mid \overline{X}, u) = f(\overline{X}, u \mid \mu, D) \pi(\mu, D) \propto D^{-\frac{1}{2}} e^{-\frac{n}{2D}(\overline{X}-\mu)^2} e^{-\frac{nu}{2D}} D^{-\frac{n+1}{2}} \tag{4.75}$$

或

$$\pi(\mu, D \mid \overline{X}, u) \propto D^{-\frac{1}{2}} e^{-\frac{n}{2D}(\overline{X}-\mu)^2} e^{-\frac{\alpha_1}{D}} D^{-(\beta_1+1)} \tag{4.76}$$

其中 $\alpha_1 = \dfrac{nu}{2} = \dfrac{1}{2}\sum\limits_{i=1}^{n}(X_i - \overline{X})^2, \beta_1 = \dfrac{n-1}{2}$。

这样,$\theta = (\mu, D)$ 的后验分布为正态—逆伽马分布,由此,

$$\pi(\mu, D \mid \overline{X}, S^2) = f(\mu \mid D) \cdot g(D; \alpha_1, \beta_1) \tag{4.77}$$

其中

$$f(\mu \mid D) = N\left(\overline{X}, \frac{D}{n}\right), g(D; \alpha_1, \beta_1) = \frac{\alpha_1^{\beta_1}}{\Gamma(\beta_1)} D^{-(\beta_1+1)} e^{-\frac{\alpha_1}{D}} \tag{4.78}$$

对 $\theta = (\mu, D)$ 的后验分布进行积分

$$\begin{aligned} \pi(\mu \mid \overline{X}, S^2) &= \int_{-\infty}^{+\infty} \pi(\mu, D \mid \overline{X}, S^2) \,\mathrm{d}\mu = \int_{-\infty}^{+\infty} f(\mu \mid D) \cdot g(D; \alpha_1, \beta_1) \,\mathrm{d}\mu \\ &= \int_{-\infty}^{+\infty} e^{-\frac{n(\overline{X}-\mu)^2 + 2\alpha_1}{2D}} D^{-(\beta_1+0.5+1)} \,\mathrm{d}\mu \\ &= e^{-\frac{\alpha_1}{D}} D^{-(\beta_1+1)} \int_{-\infty}^{+\infty} D^{-0.5} e^{-\frac{n(\overline{X}-\mu)^2}{2D}} \,\mathrm{d}\mu \propto e^{-\frac{\alpha_1}{D}} D^{-(\beta_1+1)} \end{aligned} \tag{4.79}$$

这是逆伽马分布 $\mathrm{IGa}(\alpha_1, \beta_1)$ 的核,也就是说

$$\pi(\sigma^2 \mid x) : \mathrm{IGa}(\alpha_1, \beta_1) \tag{4.80}$$

2) 无先验信息时密集度假设检验的基本公式

对于密集度试验,转换为方差的检验,建立如下统计假设:

$$H_0 : \sigma^2 \leq \sigma_0^2, \quad H_1 : \sigma^2 > \sigma_0^2$$

$\pi(\sigma^2 \mid L) \sim \mathrm{IGa}(\alpha_1, \beta_1)$ 的后验中位数为 $\dfrac{\alpha_1}{\beta_1 + 1}$。

当 $\sigma_0^2 < \dfrac{\alpha_1}{\beta_1+1}$ 时 $\alpha_1 > \alpha_0$，采纳 H_1 认为 $\sigma^2 > \sigma_0^2$；

当 $\sigma_0^2 > \dfrac{\alpha_1}{\beta_1+1}$ 时 $\alpha_1 < \alpha_0$，采纳 H_0 认为 $\sigma^2 \leqslant \sigma_0^2$。

4.2.1.2　试验方案设计

采用分组序贯方法，应同时对距离和方向两个参量进行检验，只有两个方向同时满足要求时，才能判定密集度满足战术技术指标要求。下面以距离坐标为例进行分析。

1）第一组试验的检验

在进行第一组试验，获得 $x^{(1)} = (x_1^{(1)}, x_2^{(1)}, \cdots, x_{n_1}^{(1)})$ 之后，可知，距离坐标服从 $\pi(\sigma^2 \mid X^{(1)}) \sim \mathrm{IGa}(\alpha_1, \beta_1)$，其后验中位数为 $\dfrac{\alpha_1}{\beta_1+1}$，当 $\sigma_0^2 > \dfrac{\alpha_1}{\beta_1+1}$ 时，采纳 H_0，

认为落点散布在距离上满足战术技术指标要求；当 $\sigma_0^2 < \dfrac{\alpha_1}{\beta_1+1}$ 时，采纳 H_1，认为落点散布在距离上不满足战术技术指标要求，在进行判断之后，两类风险的计算采用如下方法：

$$
\begin{aligned}
O_n &= \frac{\alpha_0}{\alpha_1} = \frac{P(\sigma^2 \leqslant \sigma_0^2 \mid X)}{P(\sigma^2 > \sigma_0^2 \mid X)} \\
&= \frac{\displaystyle\int_{\sigma^2 \leqslant \sigma_0^2} \mathrm{e}^{-\frac{\alpha_1}{\sigma^2}}(\sigma^2)^{-(\beta_1+1)}\,\mathrm{d}\sigma^2}{\displaystyle\int_{\sigma^2 > \sigma_0^2} \mathrm{e}^{-\frac{\alpha_1}{\sigma^2}}(\sigma^2)^{-(\beta_1+1)}\,\mathrm{d}\sigma^2} = \frac{\displaystyle\int_0^{\sigma_0^2} \mathrm{e}^{-\frac{\alpha_1}{\sigma^2}}(\sigma^2)^{-(\beta_1+1)}\,\mathrm{d}\sigma^2}{\displaystyle\int_{\sigma_0^2}^{+\infty} \mathrm{e}^{-\frac{\alpha_1}{\sigma^2}}(\sigma^2)^{-(\beta_1+1)}\,\mathrm{d}\sigma^2}
\end{aligned}
\tag{4.81}
$$

令 $t = 1/\sigma^2$，则式(4.81)化为

$$
O_n = \frac{\displaystyle\int_{1/\sigma_0^2}^{+\infty} \mathrm{e}^{-\alpha_1 t}t^{(\beta_1+1)}\,\mathrm{d}\sigma^2}{\displaystyle\int_0^{1/\sigma_0^2} \mathrm{e}^{-\alpha_1 t}t^{(\beta_1+1)}\,\mathrm{d}\sigma^2} = \frac{1 - K_{2\beta_1}\!\left(\dfrac{2\alpha_1}{\sigma_0^2}\right)}{K_{2\beta_1}\!\left(\dfrac{2\alpha_1}{\sigma_0^2}\right)}
\tag{4.82}
$$

$$
\begin{aligned}
P\{O_n < 1 \mid \sigma^2, \sigma^2 \leqslant \sigma_0^2\} &= P\left\{ \frac{1 - K_{2\beta_1}\!\left(\dfrac{2\alpha_1}{\sigma_0^2}\right)}{K_{2\beta_1}\!\left(\dfrac{2\alpha_1}{\sigma_0^2}\right)} < 1 \mid \sigma^2, \sigma^2 \leqslant \sigma_0^2 \right\} \\
&= P\left\{ K_{2\beta_1}\!\left(\dfrac{2\alpha_1}{\sigma_0^2}\right) > \frac{1}{2} \mid \sigma^2, \sigma^2 \leqslant \sigma_0^2 \right\} \\
&= P\left\{ \frac{2\alpha_1}{\sigma_0^2} > \chi_{0.5}^2(2\beta_1) \mid \sigma^2, \sigma^2 \leqslant \sigma_0^2 \right\}
\end{aligned}
\tag{4.83}
$$

其中 $\chi_\alpha^2(n)$ 表示自由度为 n 的卡方分布的下 α 分位数。于是得到

$$P\{O_n < 1 \mid \sigma^2, \sigma^2 \leqslant \sigma_0^2\} = P\left\{\frac{2\alpha_1}{\sigma_0^2} > \chi_{0.5}^2(2\beta_1) \mid \sigma^2, \sigma^2 \leqslant \sigma_0^2\right\}$$

$$= P\{n_1 S_1^2 > \sigma_0^2 \chi_{0.5}^2(2\beta_1) \mid \sigma^2, \sigma^2 \leqslant \sigma_0^2\}$$

$$= P\left\{\frac{n_1 S_1^2}{\sigma^2} > \frac{\sigma_0^2 \chi_{0.5}^2(2\beta_1)}{\sigma^2} \mid \sigma^2, \sigma^2 \leqslant \sigma_0^2\right\} \quad (4.84)$$

其中

$$S_1^2 = \frac{1}{n_1}\sum_{i=1}^n (X_i - \overline{X})^2$$

已知

$$\frac{n_1 S_1^2}{\sigma^2} : \chi^2(n_1 - 1)$$

于是上式等价于

$$P\{O_n < 1 \mid \sigma^2, \sigma^2 \leqslant \sigma_0^2\} = 1 - K_{n_1}\left(\frac{\sigma_0^2 \chi_{0.5}^2(2\beta_1)}{\sigma^2}\right) \quad (4.85)$$

因此一类风险为

$$\alpha = \int_0^{\sigma_0^2}\left[1 - K_{n_1}\left(\frac{\sigma_0^2 \chi_{0.5}^2(2\beta_1)}{\sigma^2}\right)\right]\mathrm{d}\sigma^2 \quad (4.86)$$

同样,两类风险为

$$\beta = \int_{\sigma_0^2}^{+\infty} K_{n_1}\left(\frac{\sigma_0^2 \chi_{0.5}^2(2\beta_1)}{\sigma^2}\right)\mathrm{d}\sigma^2 \quad (4.87)$$

如果两类风险满足要求,则试验终止;如果两类风险不满足要求,则继续进行第二组试验,获得试验数据 $x^{(2)} = (x_1^{(2)}, x_2^{(2)}, \cdots, x_{n_2}^{(2)})$。

2) 第二组试验的检验

对于第二组试验而言,第一组试验可以看作是第二组试验的先验信息,由于 (μ, σ^2) 先验分布与后验分布是共轭的,它仍为正态—逆伽马分布,因此,在第二组试验之后,距离坐标服从 $\pi(\sigma^2 \mid X^{(2)}) \sim \mathrm{IGa}(\alpha_2, \beta_2)$,其中

$$\begin{cases} \mu_2 = \dfrac{n_2 \overline{X}^{(2)} + n_1 \overline{X}^{(1)}}{n_2 + n_1} \\[2mm] \alpha_2 = \alpha_1 + \dfrac{1}{2}\sum_{i=1}^{n_2}(X_i^{(2)} - \overline{X}^{(2)})^2 + \dfrac{1}{2}\dfrac{n_2(\overline{X}^{(2)} - \overline{X}^{(1)})^2}{n_2/n_1 + 1} \\[2mm] \beta_2 = \beta_1 + n_2/2, \eta_2 = n_1 + n_2 \end{cases}$$

其后验中位数为 $\dfrac{\alpha_2}{\beta_2 + 1}$,当 $\sigma_0^2 > \dfrac{\alpha_2}{\beta_2 + 1}$ 时,采纳 H_0,认为落点散布在距离上满

足战术技术指标要求;当 $\sigma_0^2 < \dfrac{\alpha_2}{\beta_2 + 1}$ 时,采纳 H_1,认为落点散布在距离上不满足战术技术指标要求,在进行判断之后,两类风险分别为

$$
\begin{aligned}
P\{O_n < 1 \mid \sigma^2, \sigma^2 \leqslant \sigma_0^2\} &= P\left\{\frac{2\alpha_2}{\sigma_0^2} > \chi_{0.5}^2(2\beta_2) \mid \sigma^2, \sigma^2 \leqslant \sigma_0^2\right\} \\
&= P\left\{2\alpha_1 + \frac{n_2(\overline{X}^{(2)} - \overline{X}^{(1)})^2}{n_2/n_1 + 1} + n_2 S_2^2 > \sigma_0^2 \chi_{0.5}^2(2\beta_1) \mid \sigma^2, \sigma^2 \leqslant \sigma_0^2\right\} \\
&= P\left\{\frac{n_2 S_2^2}{\sigma^2} > \frac{\sigma_0^2 \chi_{0.5}^2(2\beta_2) - 2\alpha_1 - \dfrac{n_2(\overline{X}^{(2)} - \overline{X}^{(1)})^2}{n_2/n_1 + 1}}{\sigma^2} \mid \sigma^2, \sigma^2 \leqslant \sigma_0^2\right\} \\
&= 1 - K_{n_2}\left[\frac{\sigma_0^2 \chi_{0.5}^2(2\beta_1) - 2\alpha_1 - \dfrac{n_2(\overline{X}^{(2)} - \overline{X}^{(1)})^2}{n_2/n_1 + 1}}{\sigma^2}\right]
\end{aligned}
\tag{4.88}
$$

$$
\left\{
\begin{aligned}
\alpha &= \int_0^{\sigma_0^2} \left\{1 - K_{n_2}\left[\frac{\sigma_0^2 \chi_{0.5}^2(2\beta_1) - 2\alpha_1 - \dfrac{n_2(\overline{X}^{(2)} - \overline{X}^{(1)})^2}{n_2/n_1 + 1}}{\sigma^2}\right]\right\} \mathrm{IGa}(\alpha_1, \beta_1)\mathrm{d}\sigma^2 \\
\beta &= \int_{\sigma_0^2}^{+\infty} K_{n_2}\left[\frac{\sigma_0^2 \chi_{0.5}^2(2\beta_1) - 2\alpha_1 - \dfrac{n_2(\overline{X}^{(2)} - \overline{X}^{(1)})^2}{n_2/n_1 + 1}}{\sigma^2}\right] \mathrm{IGa}(\alpha_1, \beta_1)\mathrm{d}\sigma^2
\end{aligned}
\right.
$$

$$\tag{4.89}$$

如果两类风险满足要求,则试验终止;如果两类风险不满足要求,则继续进行第三组试验,获得试验数据 $x^{(3)} = (x_1^{(3)}, x_2^{(3)}, \cdots, x_{n_3}^{(3)})$。

3) 第三组试验的检验

对于第三组试验而言,第二组试验可以看作是第三组试验的先验信息,由于 (μ, σ^2) 先验分布与后验分布是共轭的,它仍为正态—逆伽马分布,因此,在第三组试验之后,距离坐标服从 $\pi(\sigma^2 \mid X^{(2)}) \sim \mathrm{IGa}(\alpha_3, \beta_3)$,其中

$$
\left\{
\begin{aligned}
\mu_3 &= \frac{\eta_2 \mu_2 + n_3 \overline{x}^{(3)}}{\eta_2 + n_3} \\
\alpha_3 &= \alpha_2 + \frac{1}{2}\sum_{i=1}^{n_3}(x_i^{(3)} - \overline{x}^{(3)})^2 + \frac{1}{2}\frac{n_3(\overline{x}^{(3)} - \mu_2)^2}{n_3/\eta_2 + 1} \\
\beta_3 &= \beta_2 + n_3/2, \quad \eta_3 = n_3 + \eta_2
\end{aligned}
\right.
$$

其后验中位数为 $\dfrac{\alpha_3}{\beta_3+1}$，当 $\sigma_0^2 > \dfrac{\alpha_3}{\beta_3+1}$ 时，采纳 H_0，认为落点散布在距离上满足战术技术指标要求；当 $\sigma_0^2 < \dfrac{\alpha_3}{\beta_3+1}$ 时，采纳 H_1，认为落点散布在距离上不满足战术技术指标要求，在进行判断之后，两类风险分别为

$$\begin{cases} \alpha = \int_0^{\sigma_0^2} \left\{ 1 - K_{n_3} \left[\dfrac{\sigma_0^2 \chi_{0.5}^2(2\beta_2) - 2\alpha_2 - \dfrac{n_3(\overline{X}^{(3)} - \mu^{(2)})^2}{n_3/\eta_2 + 1}}{\sigma^2} \right] \right\} \mathrm{IGa}(\alpha_2,\beta_2) \mathrm{d}\sigma^2 \\[4mm] \beta = \int_{\sigma_0^2}^{+\infty} K_{n_3} \left[\dfrac{\sigma_0^2 \chi_{0.5}^2(2\beta_2) - 2\alpha_2 - \dfrac{n_3(\overline{X}^{(3)} - \mu^{(2)})^2}{n_3/\eta_2 + 1}}{\sigma^2} \right] \mathrm{IGa}(\alpha_2,\beta_2) \mathrm{d}\sigma^2 \end{cases}$$

$$(4.90)$$

4.2.2 有信息先验条件下的试验设计

4.2.2.1 先验信息的可信度

先验信息的可信度是和现场试验信息相比较而言，一般通过先验试验数据和现场试验数据进行相容性检验获得。

先验试验结果为 $X^{(0)} = (x_1^{(0)}, x_2^{(0)}, \cdots, x_{n_0}^{(0)})$，在现场试验中，在进行第一组试验后，获得 $X^{(1)} = (x_1^{(1)}, x_2^{(1)}, \cdots, x_{n_1}^{(1)})$。

以现场射程信息作为比较标准，将先验试验子样与之比较，判定是否与现场子样相一致（相容），如果按上述假设，落点散布服从正态分布，则一致性检验问题转化为期望值相等性检验。

引入统计假设 H_0：先验试验子样与现场子样属于同一总体。在正态假定之下，H_0：先验试验子样总体均值期望值与现场试验子样总体均值相同。H_1：先验试验子样总体均值期望值与现场试验子样总体均值不相同。为此，计算

$$\begin{cases} \overline{x}^{(0)} = \dfrac{1}{n_0} \sum_{i=1}^{n_0} x_i^{(0)}, \quad S_0^2 = \dfrac{1}{n_0-1} \sum_{i=1}^{n_0} (x_i^{(0)} - \overline{x}^{(0)})^2 \\[4mm] \overline{x}^{(1)} = \dfrac{1}{n_1} \sum_{i=1}^{n_1} x_i^{(1)}, \quad S_1^2 = \dfrac{1}{n_1-1} \sum_{i=1}^{n_1} (x_i^{(1)} - \overline{x}^{(1)})^2 \end{cases}$$

$$(4.91)$$

检验自由度为

$$\nu = \dfrac{\left[(S_0^2/n_0) + (S_1^2/n_1) \right]^2}{\dfrac{(S_0^2/n_0)^2}{n_0+1} + \dfrac{(S_1^2/n_1)^2}{n_1+1}} - 2 \qquad (4.92)$$

相应地,相容性检验问题可化为下面的统计假设问题:

$$H_0:\bar{x}^{(0)} - \bar{x}^{(1)} = 0, \quad H_1:\bar{x}^{(0)} - \bar{x}^{(1)} \neq 0$$

因此,在给定一类风险的情况下

$$P\left\{-t_{\alpha/2}(\nu) \leqslant \frac{\bar{x}^{(0)} - \bar{x}^{(1)}}{[(S_0^2/n_0) + (S_1^2/n_1)]^{1/2}} \leqslant t_{\alpha/2}(\nu)\right\} = 1 - \alpha \quad (4.93)$$

当 $-t_{\alpha/2}(\nu)[(S_0^2/n_0) + (S_1^2/n_1)]^{1/2} \leqslant \bar{x}^{(0)} - \bar{x}^{(1)} \leqslant t_{\alpha/2}(\nu)[(S_0^2/n_0) + (S_1^2/n_1)]^{1/2}$ 接受 H_0,否则拒绝认为正样机信息和定型信息是不相容的。检验的 OC 函数为

$$\begin{cases} \beta(\mu^{(0)} - \mu^{(1)}) = P_{\mu^{(0)} - \mu^{(1)}}(\text{接受} H_0) \\ \\ = P_{\mu^{(0)} - \mu^{(1)}}\left\{-t_{\alpha/2}(\nu) \leqslant \frac{\bar{x}^{(0)} - \bar{x}^{(1)}}{[(S_0^2/n_0) + (S_1^2/n_1)]^{1/2}} \leqslant t_{\alpha/2}(\nu)\right\} \\ \\ = P_{\mu^{(0)} - \mu^{(1)}}\left\{-\lambda - t_{\alpha/2}(\nu) \leqslant \frac{\bar{x}^{(0)} - \bar{x}^{(1)} - (\mu^{(0)} - \mu^{(1)})}{[(S_0^2/n_0) + (S_1^2/n_1)]^{1/2}} \leqslant t_{\alpha/2}(\nu) - \lambda\right\} \\ \\ = T[t_{\alpha/2}(\nu) - \lambda] - T[-t_{\alpha/2}(\nu) - \lambda] \\ \\ = T[t_{\alpha/2}(\nu) - \lambda] + T[t_{\alpha/2}(\nu) + \lambda] - 1 \\ \\ \lambda = \frac{(\mu^{(0)} - \mu^{(1)})}{[(S_0^2/n_0) + (S_1^2/n_1)]^{1/2}} \end{cases}$$

$$(4.94)$$

式中:$\beta(\mu^{(0)} - \mu^{(1)})$ 为 $|\lambda|$ 的严格单调下降函数。

通常认为当 $|\mu^{(0)} - \mu^{(1)}| \geqslant \delta > 0$ 时,现场试验信息和现场信息的总体分布有显著差异;而当 $|\mu^{(0)} - \mu^{(1)}| < \delta$ 时,先验试验信息和现场信息的总体分布无显著差异,其中 δ 是根据具体问题给定的两均值差异的容许限。

对于上述双边检验问题,中满足 $|\mu^{(0)} - \mu^{(1)}| \geqslant \delta > 0$ 的 $|\mu^{(0)} - \mu^{(1)}|$ 处的函数值 $\beta(\mu^{(0)} - \mu^{(1)}) \leqslant \beta$,其中

$$\beta = T\left(t_{\alpha/2}(\nu) - \frac{\delta}{[(S_0^2/n_0) + (S_1^2/n_1)]^{1/2}}\right) + T\left(t_{\alpha/2}(\nu) + \frac{\delta}{[(S_0^2/n_0) + (S_1^2/n_1)]^{1/2}}\right) - 1$$

即考虑容许限时检验中两类风险不超过 β。

4.2.2.2 试验方案设计

1)考虑先验信息可信度时的先验、后验分布

若在确定先验分布时,要考虑先验信息的可信度,那么先验信息的分布族可

101

以表示为

$$\Gamma = \{\pi : \pi = (1-\varepsilon)\pi_0 + \varepsilon q, q \in D\}$$

其中 D 为所有的分布集，$0 < \varepsilon < 1$。这种先验分布族的取法毕竟太宽了。我们说现场试验子样是完全可信赖的，若通过先验试验子样与现场试验子样 X 的一致性检验得到了先验信息的可信度 $\tau = P(H_0 \mid 接受 H_0)$，就可以考虑用现场试验子样拟合的分布对进行修正，这是一种先验信息加权融合的思想，即

$$\pi(\theta) = \varepsilon_0 \pi_0(\theta) + \varepsilon_1 \pi_1(\theta) \tag{4.95}$$

式中：$\varepsilon_0 = \tau, \varepsilon_1 = 1 - \tau$。

这样，θ 的后验分布为

$$\pi(\theta \mid x) = \frac{1}{f(x \mid \pi)} \sum_{i=0}^{1} \varepsilon_i f(x \mid \pi_i), f(x \mid \pi) = \sum_{i=0}^{1} \varepsilon_i \pi_i(\theta \mid x) f(x \mid \pi_i)$$

$$\tag{4.96}$$

记

$$\lambda_i = \frac{\varepsilon_i f(x \mid \pi_i)}{f(x \mid \pi)} \tag{4.97}$$

于是后验分布可表示为

$$\pi(\theta \mid x) = \sum_{i=0}^{1} \lambda_i \pi_i(\theta \mid x) \tag{4.98}$$

假定先验试验结果为 $X^{(0)} = (x_1^{(0)}, x_2^{(0)}, \cdots, x_{n_0}^{(0)})$，在不考虑先验分布可信度时，$\theta = (\mu, D)$ 的后验分布为正态 – 逆伽马分布

$$\pi_0(\mu, D \mid \overline{X}, S^2) = f(\mu \mid D) \cdot g(D; \alpha_0, \beta_0) \tag{4.99}$$

其中

$$f(\mu \mid D) = N\left(\mu_0, \frac{D}{n_0}\right), g(D; \alpha_0, \beta_0) = \frac{\alpha_0^{\beta_0}}{\Gamma(\beta_0)} D^{-(\beta_0+1)} e^{-\frac{\alpha_0}{D}}$$

其中 $\alpha_0 = \frac{n_0 u}{2} = \frac{1}{2}\sum_{i=1}^{n_0}(x_i - \overline{x})^2, \beta_0 = \frac{n_0 - 1}{2}, \mu_0 = \overline{x}_0, \eta_0 = n_0$。

若考虑先验信息的可信度，在得到现场试验数据 $X = (x_1, x_2, \cdots, x_n)$ 即先验子样和现场子样进行一致性检验，得到的先验分布为

$$\pi(\theta) = \lambda_0 \pi_0(\theta) + \lambda_1 \pi_1(\theta) \tag{4.100}$$

其中 $\pi_1(\theta)$ 也是正态 — 逆伽马分布，参数为

$$\alpha_1 = \frac{nu}{2} = \frac{1}{2}\sum_{i=1}^{n}(x_i - \overline{x})^2, \beta_1 = \frac{n-1}{2}, \mu_1 = \overline{x}, \eta_1 = n_1$$

那么

$$\pi_0(\mu, D) = N\left(\mu_0^{(1)}, \frac{D}{n_0}\right) g(D; \alpha_0, \beta_0),$$

$$\pi_1(\mu, D) = N\left(\mu_1^{(1)}, \frac{D}{n}\right) g(D; \alpha_1, \beta_1) \tag{4.101}$$

在上述假设下，由于 μ、D 的先验和后验分布是共轭的，它们为正态—逆伽马分布

$$\pi(\mu, D \mid X) = \lambda_0 \pi_0(\mu, D \mid X) + \lambda_1 \pi_1(\mu, D \mid X) \qquad (4.102)$$

其中

$$\pi_0(\mu, D \mid X) \sim N\left(\mu_0^{(1)}, \frac{D}{\eta_0^{(1)}}\right) g(D; \alpha_0^{(1)}, \beta_0^{(1)}),$$

$$\pi_1(\mu, D \mid X) \sim N\left(\mu_1^{(1)}, \frac{D}{\eta_1^{(1)}}\right) g(D; \alpha_1^{(1)}, \beta_1^{(1)})$$

正态—逆伽马分布中的参数分别为

$$\begin{cases} \mu_0^{(1)} = \dfrac{n_0 \overline{x}^{(0)} + n \overline{x}}{n_0 + n} \\[2mm] \eta_0^{(1)} = n_0 + n \\[2mm] \alpha_0^{(1)} = \alpha_0 + \alpha_1 + \dfrac{1}{2} \dfrac{n(\overline{x} - \overline{x}^{(0)})^2}{n/n_0 + 1} \\[2mm] \beta_0^{(1)} = \beta_0 + n/2 \\[2mm] \mu_1^{(1)} = \overline{x} \\[2mm] \eta_1^{(1)} = 2n \\[2mm] \alpha_1^{(1)} = 2\alpha_1 \\[2mm] \beta_1^{(1)} = n - 1/2 \end{cases} \qquad (4.103)$$

这样，方差的后验边缘密度为

$$\pi(\sigma^2 \mid X) \sim \lambda_0 g(D; \alpha_0^{(1)}, \beta_0^{(1)}) + \lambda_1 g(D; \alpha_1^{(1)}, \beta_1^{(1)}) \qquad (4.104)$$

2）考虑先验信息时密集度的基本公式

当 $\sigma_0^2 > \lambda_0 \dfrac{\alpha_0^{(1)}}{\beta_0^{(1)} + 1} + \lambda_1 \dfrac{\alpha_1^{(1)}}{\beta_1^{(1)} + 1}$ 时，采纳 H_0，认为 $\sigma^2 \leqslant \sigma_0^2$；

当 $\sigma_0^2 < \lambda_0 \dfrac{\alpha_0^{(1)}}{\beta_0^{(1)} + 1} + \lambda_1 \dfrac{\alpha_1^{(1)}}{\beta_1^{(1)} + 1}$ 时，采纳 H_1，认为 $\sigma^2 > \sigma_0^2$。

3）考虑先验信息时密集度假设检验方法

（1）第一组试验的检验。

在进行第一组试验，获得 $X^{(1)} = (x_1^{(1)}, x_2^{(1)}, \cdots, x_{n_1}^{(1)})$ 之后，落点散布服从

$$\pi(\sigma^2 \mid X^{(1)}) \sim \lambda_0 \mathrm{IGa}(\alpha_0^{(1)}, \beta_0^{(1)}) + \lambda_1 \mathrm{IGa}(\alpha_1^{(1)}, \beta_1^{(1)}) \qquad (4.105)$$

其中

$$\begin{cases} \mu_0^{(1)} = \dfrac{n_0 \bar{x}^{(0)} + n_1 \bar{x}^{(1)}}{n_0 + n_1} \\[2mm] \eta_0^{(1)} = n_0 + n_1 \\[2mm] \alpha_0^{(1)} = \alpha_0 + \alpha_1 + \dfrac{1}{2} \dfrac{n_1 (\bar{x}^{(1)} - \bar{x}^{(0)})^2}{n_1/n_0 + 1} \\[2mm] \beta_0^{(1)} = \beta_0 + n_1/2 \\[2mm] \mu_1^{(1)} = \bar{x}^{(1)} \\[2mm] \eta_1^{(1)} = 2n_1 \\[2mm] \alpha_1^{(1)} = 2\alpha_1 \\[2mm] \beta_1^{(1)} = n_1 - 1/2 \end{cases}$$

其后验中位数为 $\lambda_0 \dfrac{\alpha_0^{(1)}}{\beta_0^{(1)} + 1} + \lambda_1 \dfrac{\alpha_1^{(1)}}{\beta_1^{(1)} + 1}$,当 $\sigma_0^2 > \lambda_0 \dfrac{\alpha_0^{(1)}}{\beta_0^{(1)} + 1} + \lambda_1 \dfrac{\alpha_1^{(1)}}{\beta_1^{(1)} + 1}$ 时,

采纳 H_0,认为在距离方向上密集度满足战术技术指标要求;当 $\sigma_0^2 < \lambda_0 \dfrac{\alpha_0^{(1)}}{\beta_0^{(1)} + 1} +$

$\lambda_1 \dfrac{\alpha_1^{(1)}}{\beta_1^{(1)} + 1}$ 时,采纳 H_1,认为在距离方向上密集度满足战术技术指标要求。

两类风险的计算采用如下方法:

$$\begin{cases} \alpha = \displaystyle\int_0^{\sigma_0^2} \left\{ \lambda_0 \left[1 - K_{n_1} \left(\dfrac{\sigma_0^2 \chi_{0.5}^2 (2\beta_0^{(1)}) - 2\alpha_0^{(1)} - \dfrac{n_0^{(1)} (\bar{X}_0^{(1)} - \mu_0^{(1)})^2}{n_0^{(1)}/\eta_2 + 1}}{\sigma^2} \right) \right] + \right. \\[6mm] \left. \quad \lambda_1 \left[1 - K_{n_1} \left(\dfrac{\sigma_0^2 \chi_{0.5}^2 (2\beta_2) - 2\alpha_2 - \dfrac{n_3 (\bar{X}^{(3)} - \mu^{(2)})^2}{n_3/\eta_2 + 1}}{\sigma^2} \right) \right] \right\} \\[6mm] \quad (\lambda_0 \mathrm{IGa}(\alpha_0, \beta_0) + \lambda_1 \mathrm{IGa}(\alpha_1, \beta_1)) \mathrm{d}\sigma^2 \\[4mm] \beta = \displaystyle\int_{\sigma_0^2}^{+\infty} \left\{ \lambda_0 K_{n_1} \left[\dfrac{\sigma_0^2 \chi_{0.5}^2 (2\beta_2) - 2\alpha_2 - \dfrac{n_3 (\bar{X}^{(3)} - \mu^{(2)})^2}{n_3/\eta_2 + 1}}{\sigma^2} \right] + \right. \\[6mm] \left. \quad \lambda_1 K_{n_1} \left[\dfrac{\sigma_0^2 \chi_{0.5}^2 (2\beta_2) - 2\alpha_2 - \dfrac{n_3 (\bar{X}^{(3)} - \mu^{(2)})^2}{n_3/\eta_2 + 1}}{\sigma^2} \right] \right\} \\[6mm] \quad (\lambda_0 \mathrm{IGa}(\alpha_0, \beta_0) + \lambda_1 \mathrm{IGa}(\alpha_1, \beta_1)) \mathrm{d}\sigma^2 \end{cases}$$

$$(4.106)$$

如果两类风险满足要求,则试验终止;如果两类风险不满足要求,则继续进行第二组试验,获得试验数据 $X^{(2)} = (x_1^{(2)}, x_2^{(2)}, \cdots, x_{n_2}^{(2)})$。

（2）第二组试验的检验。

在进行第二组试验,获得 $X^{(2)} = (x_1^{(2)}, x_2^{(2)}, \cdots, x_{n_2}^{(2)})$ 之后,落点散布服从

$$\pi(\sigma^2 \mid X^{(2)}) \sim (\lambda_0 g(D; \alpha_0^{(2)}, \beta_0^{(2)}) + \lambda_1 g(D; \alpha_1^{(2)}, \beta_1^{(2)}) \qquad (4.107)$$

其中

$$
\begin{cases}
\mu_0^{(2)} = \dfrac{n_2 \overline{x}^{(2)} + \eta_0^{(1)} \mu_0^{(1)}}{n_2 + \eta_0^{(1)}} \\[3mm]
\eta_0^{(2)} = \eta_0^{(1)} + n_2 \\[3mm]
\mu_1^{(2)} = \dfrac{n_2 \overline{x}^{(2)} + \eta_1^{(2)} \mu_1^{(1)}}{n_2 + \eta_1^{(1)}} \\[3mm]
\eta_1^{(2)} = \eta_1^{(1)} + n_2 \\[3mm]
\alpha_0^{(2)} = \alpha_0^{(1)} + \dfrac{1}{2} \sum\limits_{i=1}^{n_2} (x_i^{(2)} - \overline{x}^{(2)})^2 + \dfrac{1}{2} \dfrac{n_2 (\overline{x}^{(1)} - \mu_0^{(1)})^2}{n_2 / \eta_0^{(1)} + 1} \\[4mm]
\beta_0^{(2)} = \beta_0^{(1)} + n_2 / 2 \\[3mm]
\alpha_1^{(2)} = \alpha_1^{(1)} + \dfrac{1}{2} \sum\limits_{i=1}^{n_2} (x_i^{(2)} - \overline{x}^{(2)})^2 + \dfrac{1}{2} \dfrac{n_2 (\overline{x}^{(1)} - \mu_1^{(1)})^2}{n_2 / \eta_1^{(1)} + 1} \\[4mm]
\beta_1^{(2)} = \beta_1^{(1)} + n_2 / 2
\end{cases}
$$

其后验中位数为 $\lambda_0 \dfrac{\alpha_0^{(2)}}{\beta_0^{(2)} + 1} + \lambda_1 \dfrac{\alpha_1^{(2)}}{\beta_1^{(2)} + 1}$,当 $\sigma_0^2 > \lambda_0 \dfrac{\alpha_0^{(2)}}{\beta_0^{(2)} + 1} + \lambda_1 \dfrac{\alpha_1^{(2)}}{\beta_1^{(2)} + 1}$ 时,采纳 H_0,认为在距离方向上密集度满足战术技术指标要求;当 $\sigma_0^2 < \lambda_0 \dfrac{\alpha_0^{(2)}}{\beta_0^{(2)} + 1} + \lambda_1 \dfrac{\alpha_1^{(2)}}{\beta_1^{(2)} + 1}$ 时,采纳 H_1,认为在距离方向上密集度满足战术技术指标要求。

$$\begin{cases} \alpha = \int_0^{\sigma_0^2} \left\{ \lambda_0 \left[1 - K_{n_2} \left(\dfrac{\sigma_0^2 \chi_{0.5}^2(2\beta_0^{(2)}) - 2\alpha_0^{(2)} - \dfrac{n_0^{(2)}(\overline{X}_0^{(2)} - \mu_0^{(1)})^2}{n_0^{(2)}/\eta_2 + 1}}{\sigma^2} \right) \right] + \right. \\ \qquad \left. \lambda_1 \left[1 - K_{n_2} \left(\dfrac{\sigma_0^2 \chi_{0.5}^2(2\beta_0^{(2)}) - 2\alpha_2 - \dfrac{n_3(\overline{X}^{(2)} - \mu^{(1)})^2}{n_3/\eta_2 + 1}}{\sigma^2} \right) \right] \right\} \\ \qquad (\lambda_0 \mathrm{IGa}(\alpha_0^{(1)},\beta_0^{(1)}) + \lambda_1 \mathrm{IGa}(\alpha_1^{(1)},\beta_1^{(1)})) \mathrm{d}\sigma^2 \\[4pt] \beta = \int_{\sigma_0^2}^{+\infty} \left\{ \lambda_0 K_{n_2} \left[\dfrac{\sigma_0^2 \chi_{0.5}^2(2\beta_0^{(2)}) - 2\alpha_2 - \dfrac{n_3(\overline{X}^{(3)} - \mu^{(1)})^2}{n_3/\eta_2 + 1}}{\sigma^2} \right] + \right. \\ \qquad \left. \lambda_1 K_{n_2} \left[\dfrac{\sigma_0^2 \chi_{0.5}^2(2\beta_2) - 2\alpha_2 - \dfrac{n_3(\overline{X}^{(3)} - \mu^{(2)})^2}{n_3/\eta_2 + 1}}{\sigma^2} \right] \right\} \\ \qquad (\lambda_0 \mathrm{IGa}(\alpha_0^{(1)},\beta_0^{(1)}) + \lambda_1 \mathrm{IGa}(\alpha_1^{(1)},\beta_1^{(1)})) \mathrm{d}\sigma^2 \end{cases}$$

$$(4.108)$$

如果两类风险满足要求,则试验终止;如果两类风险不满足要求,则继续进行第三组试验,获得试验数据 $X^{(3)} = (x_1^{(3)}, x_2^{(3)}, \cdots, x_{n_3}^{(3)})$。

(3)第三组试验的检验。

在进行第三组试验,获得 $X^{(3)} = (x_1^{(3)}, x_2^{(3)}, \cdots, x_{n_3}^{(3)})$ 之后,落点散布服从

$$\pi(\sigma^2 \mid X^{(3)}) \sim \lambda_0 g(D; \alpha_0^{(3)}, \beta_0^{(3)}) + \lambda_1 g(D; \alpha_1^{(3)}, \beta_1^{(3)}) \qquad (4.109)$$

其中

$$\begin{cases} \mu_0^{(3)} = \dfrac{n_3 \bar{x}^{(3)} + \eta_0^{(2)} \mu_0^{(2)}}{n_3 + \eta_0^{(1)}} \\ \eta_0^{(3)} = \eta_0^{(2)} + n_3 \\ \alpha_0^{(3)} = \alpha_0^{(2)} + \dfrac{1}{2} \sum_{i=1}^{n_3} (x_i^{(3)} - \bar{x}^{(3)})^2 + \dfrac{1}{2} \dfrac{n_3(\bar{x}^{(3)} - \mu_0^{(2)})^2}{n_3/\eta_0^{(2)} + 1} \\ \beta_0^{(3)} = \beta_0^{(2)} + n_3/2 \\ \mu_1^{(3)} = \dfrac{n_3 \bar{x}^{(3)} + \eta_1^{(2)} \mu_1^{(2)}}{n_3 + \eta_1^{(2)}} \\ \eta_1^{(3)} = \eta_1^{(2)} + n_3 \\ \alpha_1^{(3)} = \alpha_1^{(2)} + \dfrac{1}{2} \sum_{i=1}^{n_3} (x_i^{(3)} - \bar{x}^{(3)})^2 + \dfrac{1}{2} \dfrac{n_3(\bar{x}^{(3)} - \mu_1^{(2)})^2}{n_3/\eta_1^{(2)} + 1} \\ \beta_1^{(3)} = \beta_1^{(2)} + n_3/2 \end{cases}$$

其后验中位数为 $\lambda_0 \dfrac{\alpha_0^{(3)}}{\beta_0^{(3)}+1} + \lambda_1 \dfrac{\alpha_1^{(3)}}{\beta_1^{(3)}+1}$。当 $\sigma_0^2 > \lambda_0 \dfrac{\alpha_0^{(3)}}{\beta_0^{(3)}+1} + \lambda_1 \dfrac{\alpha_1^{(3)}}{\beta_1^{(3)}+1}$ 时,采纳 H_0,认为在距离方向上密集度满足战术技术指标要求;当 $\sigma_0^2 < \lambda_0 \dfrac{\alpha_0^{(3)}}{\beta_0^{(3)}+1} + \lambda_1 \dfrac{\alpha_1^{(3)}}{\beta_1^{(3)}+1}$ 时,采纳 H_1,认为在距离方向上密集度满足战术技术指标要求。

$$\begin{cases} \alpha = \displaystyle\int_0^{\sigma_0^2} \left\{ \lambda_0 \left[1 - K_{n_3} \left(\dfrac{\sigma_0^2 \chi_{0.5}^2 (2\beta_0^{(3)}) - 2\alpha_0^{(3)} - \dfrac{n_0^{(2)}(\overline{X}_0^{(3)} - \mu_0^{(2)})^2}{n_0^{(2)}/\eta_2 + 1}}{\sigma^2} \right) \right] + \right. \\ \qquad \left. \lambda_1 \left[1 - K_{n_3} \left(\dfrac{\sigma_0^2 \chi_{0.5}^2 (2\beta_0^{(3)}) - 2\alpha_2 - \dfrac{n_3(\overline{X}^{(3)} - \mu^{(3)})^2}{n_3/\eta_2 + 1}}{\sigma^2} \right) \right] \right\} \\ \qquad (\lambda_0 \mathrm{IGa}(\alpha_0^{(2)}, \beta_0^{(2)}) + \lambda_1 \mathrm{IGa}(\alpha_1^{(2)}, \beta_1^{(2)})) \mathrm{d}\sigma^2 \\ \beta = \displaystyle\int_{\sigma_0^2}^{+\infty} \left\{ \lambda_0 K_{n_3} \left[\dfrac{\sigma_0^2 \chi_{0.5}^2 (2\beta_0^{(3)}) - 2\alpha_2 - \dfrac{n_3(\overline{X}^{(3)} - \mu^{(2)})^2}{n_3/\eta_2 + 1}}{\sigma^2} \right] + \right. \\ \qquad \left. \lambda_1 K_{n_3} \left[\dfrac{\sigma_0^2 \chi_{0.5}^2 (2\beta_2) - 2\alpha_2 - \dfrac{n_3(\overline{X}^{(3)} - \mu^{(2)})^2}{n_3/\eta_2 + 1}}{\sigma^2} \right] \right\} \\ \qquad (\lambda_0 \mathrm{IGa}(\alpha_0^{(3)}, \beta_0^{(3)}) + \lambda_1 \mathrm{IGa}(\alpha_1^{(2)}, \beta_1^{(2)})) \mathrm{d}\sigma^2 \end{cases}$$

$$(4.110)$$

4.2.3 密集度试验的参数估计

4.2.3.1 无信息先验下试验参数的估计

1) 无先验信息时密集度的贝叶斯点估计

取损失函数为平方误差函数,即 $L(\mu, \hat{\mu}) = (\mu - \hat{\mu})^2$,于是得到 μ 的贝叶斯点估计为后验期望估计:

$$\begin{cases} \hat{\mu}_E = E(\mu \mid L) \\ \mathrm{MSE}(\hat{\mu}_E \mid L) = E^{\theta \mid x}(\mu - \hat{\mu}_E)^2 = \mathrm{Var}(\mu \mid L) \end{cases} \quad (4.111)$$

在第一组试验后,$\pi(\sigma^2 \mid X^{(1)}) \sim \mathrm{IGa}(\alpha_1, \beta_1)$,则

$$\hat{\sigma}_{E1}^2 = \frac{\alpha_1}{\beta_1 - 1}, \text{MSE}(\hat{\sigma}_{E1}^2 \mid x^{(1)}) = \frac{\alpha_1^2}{(\beta_1 - 1)(\beta_1 - 2)} \qquad (4.112)$$

相应地,密集度的估计为

$$\begin{cases} \hat{E}_{E1} = 0.6745\,\hat{\sigma}_{E1} = 0.6745\sqrt{\dfrac{\alpha_1}{\beta_1 - 1}} \\[4mm] \text{MSE}(\hat{E}_{E1} \mid x^{(1)}) = 0.6745\,(\text{MSE}(\hat{\sigma}_{E1}^2 \mid x^{(1)}))^{1/2} = 0.6745\sqrt{\dfrac{\alpha_1^2}{(\beta_1 - 1)(\beta_1 - 2)}} \end{cases}$$
$$(4.113)$$

在第二组试验后,$\pi(\sigma^2 \mid X^{(2)}) \sim \text{IGa}(\alpha_2, \beta_2)$,则

$$\hat{\sigma}_{E2}^2 = \frac{\alpha_2}{\beta_2 - 1}, \text{MSE}(\hat{\sigma}_{E2}^2 \mid x^{(2)}) = \frac{\alpha_2^2}{(\beta_2 - 1)(\beta_2 - 2)} \qquad (4.114)$$

相应地,密集度的估计为

$$\begin{cases} \hat{E}_{E2} = 0.6745\,\hat{\sigma}_{E2} = 0.6745\sqrt{\dfrac{\alpha_2}{\beta_2 - 1}} \\[4mm] \text{MSE}(\hat{E}_{E2} \mid x^{(2)}) = 0.6745\,[\text{MSE}(\hat{\sigma}_{E2}^2 \mid x^{(2)})]^{1/2} = 0.6745\sqrt{\dfrac{\alpha_2^2}{(\beta_2 - 1)(\beta_2 - 2)}} \end{cases}$$
$$(4.115)$$

在第三组试验后,$\pi(\sigma^2 \mid X^{(2)}) \sim \text{IGa}(\alpha_3, \beta_3)$,则

$$\hat{\sigma}_{E3}^2 = \frac{\alpha_3}{\beta_3 - 1}, \text{MSE}(\hat{\sigma}_{E3}^2 \mid x^{(3)}) = \frac{\alpha_3^2}{(\beta_3 - 1)(\beta_3 - 2)} \qquad (4.116)$$

相应地,密集度的估计为

$$\begin{cases} \hat{E}_{E3} = 0.6745\,\hat{\sigma}_{E3} = 0.6745\sqrt{\dfrac{\alpha_3}{\beta_3 - 1}} \\[4mm] \text{MSE}(\hat{E}_{E3} \mid x^{(3)}) = 0.6745\,[\text{MSE}(\hat{\sigma}_{E3}^2 \mid x^{(3)})]^{1/2} = 0.6745\sqrt{\dfrac{\alpha_3^2}{(\beta_3 - 1)(\beta_3 - 2)}} \end{cases}$$
$$(4.117)$$

2) 无先验信息时密集度的贝叶斯区间估计

(1) 无先验信息时密集度的贝叶斯单侧区间估计。

由前面的分析可知,落点散布服从 $\pi(\sigma^2 \mid X) \sim \text{IGa}(\alpha_1, \beta_1)$,它是单峰连续但不对称的密度函数,因此它的 $(1-\alpha)$ HPD 可信区间不是等尾区间。有时也可用等尾可信区间来表示其区间估计,这里,采用等尾可信区间作为其区间估计。由于落点散布服从非中心学生分布,可以计算出最大射程的 $(1-\alpha)$ HPD 可信区间

$$1 - \alpha = \int_{U_L}^{U_R} \pi(\sigma^2 \mid X) d\sigma^2 = \int_0^{U_R} \pi(\sigma^2 \mid X) d\sigma^2 - \int_0^{U_L} \pi(\sigma^2 \mid X) d\sigma^2$$

$$(4.118)$$

根据等尾区间定义,有 $1 - \alpha/2 = \int_0^{U_R} \pi(\sigma^2 \mid X) d\sigma^2 = \int_0^{U_R} \frac{(\alpha_1)^{\beta_1}}{\Gamma(\beta_1)} (\sigma^2)^{-(\beta_1+1)}$

$e^{-\frac{\alpha_1}{\sigma^2}} d\sigma^2$

令 $t = 1/\sigma^2$,得 $1 - \alpha/2 = \int_{1/U_R}^{+\infty} \frac{(\alpha_1)^{\beta_1}}{\Gamma(\beta_1)} t^{-(\beta_1-1)} e^{-\alpha_1 t} dt \frac{2\alpha_1}{U_R} = \chi_{\alpha/2}^2(2\beta_1)$

因此有

$$\frac{2\alpha_1}{U_R} = \chi_{\alpha/2}^2(2\beta_1) \qquad (4.119)$$

即

$$U_R = \frac{2\alpha_1}{\chi_{\alpha/2}^2(2\beta_1)} \qquad (4.120)$$

同样地

$$U_L = \frac{2\alpha_1}{\chi_{1-\alpha/2}^2(2\beta_1)} \qquad (4.121)$$

密集度 $(1 - \alpha)$ HPD 双侧可信区间为 $\left[0.6745 \sqrt{\frac{2\alpha_1}{\chi_{\alpha/2}^2(2\beta_1)}}, 0.6745 \right.$

$\left. \sqrt{\frac{2\alpha_1}{\chi_{1-\alpha/2}^2(2\beta_1)}} \right]$。

密集度 $(1 - \alpha)$ HPD 单侧置信上限可信区间为 $\left[0, 0.6745 \sqrt{\frac{2\alpha_1}{\chi_{1-\alpha}^2(2\beta_1)}} \right]$。

(2) 无先验信息时密集度的贝叶斯双侧区间估计。

在第一组试验后,$\pi(\sigma^2 \mid X) \sim IGa(\alpha_1, \beta_1)$,则密集度的 $(1 - \alpha)$ HPD 双侧可信区间为 $\left[0.6745 \sqrt{\frac{2\alpha_1}{\chi_{\alpha/2}^2(2\beta_1)}}, 0.6745 \sqrt{\frac{2\alpha_1}{\chi_{1-\alpha/2}^2(2\beta_1)}} \right]$,密集度的 $(1 - \alpha)$ HPD

单侧置信上限可信区间为 $\left[0, 0.6745 \sqrt{\frac{2\alpha_1}{\chi_{1-\alpha}^2(2\beta_1)}} \right]$。

在第二组试验后,$\pi(\sigma^2 \mid X) \sim IGa(\alpha_2, \beta_2)$,则密集度的 $(1 - \alpha)$ HPD 双侧可信区间为 $\left[0.6745 \sqrt{\frac{2\alpha_2}{\chi_{\alpha/2}^2(2\beta_2)}}, 0.6745 \sqrt{\frac{2\alpha_2}{\chi_{1-\alpha/2}^2(2\beta_2)}} \right]$,密集度的 $(1 - \alpha)$ HPD

单侧置信上限可信区间为 $\left[0, 0.6745\sqrt{\dfrac{2\alpha_2}{\chi^2_{1-\alpha}(2\beta_2)}}\right]$。

在第三组试验后，$\pi(\sigma^2 \mid X) \sim \mathrm{IGa}(\alpha_3, \beta_3)$，则密集度的 $(1-\alpha)$ HPD 双侧可信区间为 $\left[0.6745\sqrt{\dfrac{2\alpha_3}{\chi^2_{\alpha/2}(2\beta_3)}}, 0.6745\sqrt{\dfrac{2\alpha_3}{\chi^2_{1-\alpha/2}(2\beta_3)}}\right]$，密集度的 $(1-\alpha)$ HPD

单侧置信上限可信区间为 $\left[0, 0.6745\sqrt{\dfrac{2\alpha_3}{\chi^2_{1-\alpha}(2\beta_3)}}\right]$。

4.2.3.2　有信息先验下试验参数的估计

取损失函数为平方误差函数，即 $L(\mu, \hat{\mu}) = (\mu - \hat{\mu})^2$，于是得到 μ 的贝叶斯点估计为后验期望估计

$$\begin{cases} \hat{\mu}_E = E(\mu \mid X) \\ \mathrm{MSE}(\hat{\mu}_E \mid X) = E^{\theta \mid x}(\mu - \hat{\mu}_E)^2 = \mathrm{Var}(\mu \mid X) \end{cases} \tag{4.122}$$

在第一组试验后，

$$\pi(\sigma^2 \mid X^{(1)}) \sim \lambda_0 \mathrm{IGa}(\alpha_0^{(1)}, \beta_0^{(1)}) + \lambda_1 \mathrm{IGa}(\alpha_1^{(1)}, \beta_1^{(1)})$$

则

$$\hat{\sigma}_{E1}^2 = \lambda_0 \frac{\alpha_0^{(1)}}{\beta_0^{(1)} - 1} + \lambda_1 \frac{\alpha_1^{(1)}}{\beta_1^{(1)} - 1} \tag{4.123}$$

相应地，密集度的估计为

$$\hat{E}_{E1} = 0.6745\,\hat{\sigma}_{E1} = 0.6745\sqrt{\lambda_0 \frac{\alpha_0^{(1)}}{\beta_0^{(1)} - 1} + \lambda_1 \frac{\alpha_1^{(1)}}{\beta_1^{(1)} - 1}} \tag{4.124}$$

在第二组试验后，$\pi(\sigma^2 \mid X^{(2)}) \sim \lambda_0 g(D; \alpha_0^{(2)}, \beta_0^{(2)}) + \lambda_1 g(D; \alpha_1^{(2)}, \beta_1^{(2)})$，则密集度的估计为 $\hat{E}_{E2} = 0.6745\sqrt{\lambda_0 \dfrac{\alpha_0^{(2)}}{\beta_0^{(2)} - 1} + \lambda_1 \dfrac{\alpha_1^{(2)}}{\beta_1^{(2)} - 1}}$。

在第三组试验后，$\pi(\sigma^2 \mid X^{(1)}) \sim \lambda_0 g(D; \alpha_0^{(3)}, \beta_0^{(3)}) + \lambda_1 g(D; \alpha_1^{(3)}, \beta_1^{(3)})$，则密集度的估计为 $\hat{E}_{E3} = 0.6745\sqrt{\lambda_0 \dfrac{\alpha_0^{(3)}}{\beta_0^{(3)} - 1} + \lambda_1 \dfrac{\alpha_1^{(3)}}{\beta_1^{(3)} - 1}}$。

4.3　狙击武器精度试验设计与评估

4.3.1　枪械射击精度影响因素的试验分析

4.3.1.1　试验过程分析

从人因工程的角度看，枪械射击构成了一个人－机系统，由于人的行为特性

十分复杂,枪械射击精度必然与使用者有密切关系,因此在进行枪械射击精度试验时,考虑使用者、枪械以及系统误差 3 个因素,每个因素选择 3 个水平进行试验,也就是说采用 3 个射手、3 支枪械、每种条件下试验 3 组。多因素试验(Multi-factorexperiments)指试验中具有两个或两个以上因素的试验,通常又称析因试验,枪械精度试验可以看作复因子试验,这样的试验方案能够全面地反映基于人-机系统的产品性能,但相应的带来一系列问题,主要表现在:①试验消耗大;②试验周期长,由于精度试验需要严格的气象条件,为了能够确保试验的质量,通过加班在早晚气象较好的条件下进行,往往使得试验周期延长;③容易造成射手的作业疲劳,影响试验质量。射手射击过程是一个集脑力与体力一体的高强度作业,作业过程很容易产生作业疲劳。一是反复进行射击瞄准,而射击一次都要进行一次瞄准,重复的劳动容易使射手产生肌肉疲劳、精神疲劳和生物疲劳(周期性疲劳);二是根据人类功效学研究成果,人的意识水平在上午 6 点达到最低,因此,从人体生理节律来讲,在早晚进行高强度精度试验并不是一个较好的选择。

4.3.1.2 基于试验结果的影响因素分析

1) 多因素试验及分析方法

枪械精度试验采用多因素试验的目的就是考虑不同试验因素以及因素间的交互作用对精度的影响,从而为枪械精度的评定提供有效的数据,这里采用方差分析方法对试验结果进分析,研究因素的试验效应(试验因素对试验指标所起的增加或减少效应称为试验效应)。作为分析,我们的目的主要是为了比较各因素下各水平主效应是否显著,因此选用固定模型进行方差分析。枪械精度试验是三因素试验(A 代表试验组数,B 代表射手,C 代表枪械),这里采用 3^k 因子分析方法。由于每个因素是三水平,也就变为 3^3 因子分析,表 4.2 为 3^3 因子分析表。

表 4.2　3^3 设计的方差分析表

方差来源	平方和(S)	自由度(γ)
3 个主要结果		
A	S_A	2
B	S_B	2
C	S_C	2
3 个两因子交互作用		
AB	S_{AB}	4
AC	S_{AC}	4
BC	S_{BC}	4
误差 T	S_T	26

111

如果各因素或水平之间存在显著性差异,需要采用多重比较方法,分析各因素或水平之间的显著性。

2）结果分析

表 4.3 是某型枪械精度试验结果,对于这种枪械,试验组数、射手、枪械以及三种因素之间对枪械精度均没有显著性影响。

表 4.3　某型枪械精度试验结果

组序	射手甲			射手乙			射手丙		
	1 号枪	2 号枪	3 号枪	1 号枪	2 号枪	3 号枪	1 号枪	2 号枪	3 号枪
第一组	25.0	27.5	26.5	27.5	25.2	26.0	28.7	32.0	29.0
第二组	27.0	32.5	24.8	29.0	31.5	25.0	28.5	31.0	29.3
第三组	27.7	29.3	27.0	29.5	27.0	26.0	24.0	33.5	27.8

4.3.2　三发散布圆直径评估方法

4.3.2.1　试验数据的获取

采用 3 名射手,使用 3 支狙击武器分别射击 3 组,每组 10 发。每组射击过程可以重新修正瞄准。通过坐标平移,将 9 组数据融合。

4.3.2.2　二元正态性检验

采用主成分分析法分别检验数据的二元正态性。设 $X = (X_1 \quad X_2 \quad \cdots \quad X_p)'$ 是 p 维随机向量,均值 $E(X) = \mu$,协方差阵 $D(X) = \Sigma$。考虑它的线性变换:

$$\begin{cases} Z_1 = a_1'X = a_{11}X_1 + a_{21}X_2 + \cdots + a_{p1}X_p \\ Z_2 = a_2'X = a_{12}X_1 + a_{22}X_2 + \cdots + a_{p2}X_p \\ \qquad\qquad\vdots \\ Z_p = a_p'X = a_{1p}X_1 + a_{2p}X_2 + \cdots + a_{pp}X_p \end{cases} \tag{4.125}$$

可见

$$\begin{cases} \mathrm{Var}(Z_i) = a_i'\Sigma a_i, i = 1,2,\cdots,p \\ \mathrm{Cov}(Z_i, Z_j) = a_i'\Sigma a_j, i,j = 1,2,\cdots,p \end{cases} \tag{4.126}$$

$D(X) = \Sigma$ 的特征值为 $\lambda_1 \geq \lambda_2 \geq \cdots \geq \lambda_p \geq 0$,$a_1, a_2, \cdots, a_p$ 为相应的单位正交特征向量,则 X 的第 i 主成分为

$$Z_i = a_i'X, \quad i = 1,2,\cdots,p \tag{4.127}$$

设 $X_{(i)} = (x_{i1}, x_{i2}, \cdots, x_{ip})', i = 1,2,\cdots,n$ 为来自 p 元总体 X 的样本,要检验总体 X 是否为 p 元正态总体。设 $D(X) = \Sigma$,如果 Σ 是对角矩阵,即 p 维向量的分量间不相关,这时把 p 元正态性检验问题转化为 p 个一元正态性检验问题。但一般 Σ 不是对角矩阵,即分量间是相关的。利用主成分分析方法,求得 X 的 p

个主成分 $Z_1, Z_2, \cdots, Z_p$(不相关),并由原样本值计算 p 个主成分的得分值,作为 p 个不相关的综合变量的样本值。这时就把 p 元正态性检验问题化为 p 个一元综合变量(主成分)的正态性检验。这就是多元正态性检验的主成分检验法。实际检验时,利用主成分的性质,只需对前 $m(m<p)$ 个主成分得分数据逐个做正态性检验。

4.3.2.3 两方向相关性检验

在正态总体假设下,相关性检验下可化简为检验:

$$H_0: \Sigma_{ij} = 0 (\text{一切 } i \neq j), H_1: \Sigma_{ij} \neq 0, \text{至少有一对 } i \neq j$$

设 $X_\alpha, \alpha = 1, 2, \cdots, n; n > p$ 为来自总体 X 的随机样本,将 X_α 样本均值向量 $\overline{X}$ 和样本离差阵

$$A = \sum_{j=1}^{n} (X_{(j)} - \overline{X})(X_{(j)} - \overline{X})' \tag{4.128}$$

作相应剖分:

$$X_\alpha = \begin{bmatrix} X_{(\alpha)}^1 \\ \vdots \\ X_{(\alpha)}^k \end{bmatrix}, \overline{X} = \begin{bmatrix} \overline{X}^{(1)} \\ \vdots \\ \overline{X}^{(k)} \end{bmatrix}, A = \begin{bmatrix} A_{11} \cdots A_{1k} \\ \vdots \\ A_{k1} \cdots A_{kk} \end{bmatrix} \tag{4.129}$$

应用似然比原理,在 H_0 成立时,$X_{(\alpha)}^{(i)} \sim N_{p_i}(\mu^{(i)}, \Sigma_{ii})$ $(i = 1, 2, \cdots, k; \alpha = 1, 2, \cdots, n)$ 且相互独立,故样本的似然函数为

$$L(\mu, \Sigma) = \prod_{i=1}^{k} L_i(\mu^{(i)}, \Sigma_{ii}) \tag{4.130}$$

当 $\hat{\mu}^{(i)} = \overline{X}^{(i)}, \hat{\Sigma}_{ii} = \dfrac{1}{n} A_{ii}$ 时,$L_i(\mu^{(i)}, \Sigma_{ii})$ 达最大。所以似然比统计量表达式的分子为

$$\max_{\mu, \Sigma_{ij}=0} L(\mu, \Sigma) = \prod_{i=1}^{k} (2\pi)^{-np_i/2} \left| \frac{A_{ii}}{n} \right|^{-n/2} e^{-np_i/2}$$

$$= (2\pi)^{-np/2} e^{-np/2} \prod_{i=1}^{k} \left| \frac{A_{ii}}{n} \right|^{-n/2} \tag{4.131}$$

似然比统计量为

$$\lambda = \prod_{i=1}^{k} \left| \frac{A_{ii}}{n} \right|^{-n/2} \Big/ \left| \frac{1}{n} A \right|^{-n/2} = \left(\frac{|A|}{\prod_{i=1}^{k} |A_{ii}|} \right)^{n/2} \overset{\text{def}}{=} V^{n/2}, \ln\lambda = \frac{n}{2} \ln V$$

$$\tag{4.132}$$

Box 证明了,在 H_0 成立下当 $n \to \infty$ 时,$-b\ln V \sim \chi^2(f)$,其中

$$b = n - 1.5 - \frac{p^3 - \sum_1^k p_\alpha^3}{3\left(p^2 - \sum_1^k p_\alpha^2\right)}。$$

4.3.2.4 三发散布圆直径的统计模拟

经过上面的步骤,可以获得弹着点分布

$$f(y,z) = \frac{1}{2\pi\sigma_y\sigma_z\sqrt{1-\rho^2}}$$

$$\exp\left\{-\frac{1}{2(1-\rho^2)}\left[\frac{(y-a_y)^2}{\sigma_y^2} - 2\rho\frac{(y-a_y)(z-a_z)}{\sigma_y\sigma_z} + \frac{(z-a_z)^2}{\sigma_z^2}\right]\right\}$$

$$(4.133)$$

(1) 采用统计模拟的方法,获得二维正态分布的 3 个坐标点;

(2) 计算 3 个坐标点的散布圆直径;

(3) 重复步骤(1)、(2),获得一系列模拟获得三发散布圆直径;

(4) 在获得三发散布圆直径后,计算相应的估计特征量。

4.3.3 考虑目标特性的首发毁伤概率及三发毁伤概率

根据狙击武器的战术用途,我们十分关心的是它的首发及三发命中概率的问题。在射击具体目标时,目标的特性与武器本身的射击精度共同决定武器对目标的命中概率。在对目标不同区域赋予要害指数的基础上,可以确定对目标的最佳瞄准点,进而得出狙击武器针对具体目标的首发及三发命中概率。

4.3.3.1 确定目标各区域的要害指数

根据狙击武器的作战用途,其毁伤目标主要有人员、车辆、地面和地下建筑物、飞行器。在评价装甲车辆易损性时,必须把乘员作为一个因素加以考虑,因为装甲车辆乘务人员失去战斗力会造成车辆丧失行动能力。通过多位专家咨询之后形成对装甲车辆的易损性的判断矩阵,基于层次分析法得出装甲车辆各个区域的要害指数。

4.3.3.2 确定对目标的瞄准点

根据目标各个区域的要害指数,结合武器本身特点,可以确定对目标的最佳瞄准点。对作战目标各区域赋予要害指数,以目标几何中心为瞄准点,并逐步向外扩散,作为备选瞄准点,随机模拟射弹散布,得出毁伤概率最大的瞄准点作为最佳瞄准点。

$$H(x,y) = \iint\limits_{(x,y)\in S\cap x^2+y^2\leqslant \mathrm{ACEP}^2} K(x,y)f(x,y)\,\mathrm{d}x\mathrm{d}y \qquad (4.134)$$

114

式中:$H(x,y)$ 为瞄准点为面目标上 (X,Y) 时的命中要害指数;$K(x,y)$ 为面目标上 (x,y) 处的要害指数;S 为目标区域;$f(x,y)$ 为弹头落点散布概率密度函数。

由于要害指数是按面目标上区域 $S_1,S_2,\cdots,S_i$ 进行划分的,$K(x,y)$ 并不连续,但在同一要害指数的区域 S_i 中是连续的,因此可将式(4.134)分段积分得

$$H(x,y) = \sum_i \Big(\iint\limits_{(x,y) \in S_i \cap x^2+y^2 \leqslant \mathrm{ACEP}^2} K(x,y)f(x,y)\mathrm{d}x\mathrm{d}y \Big) = \sum_i K_i P_i$$

(4.135)

由于需要寻找 $(X,Y) = \mathrm{argmax}H(X,Y)$,就是需要寻找 (X,Y) 使得 $H(X,Y)$ 达到最大值。于是分别对 X、Y 求偏导:

$$\begin{cases} \dfrac{\partial}{\partial X}\Big[\sum_i K_i \iint\limits_{S_i} f(x,y)\mathrm{d}x\mathrm{d}y \Big] = \sum_i K_i \iint\limits_{S_i} \dfrac{\partial}{\partial X} f(x,y)\mathrm{d}x\mathrm{d}y = 0 \\ \dfrac{\partial}{\partial Y}\Big[\sum_i K_i \iint\limits_{S_i} f(x,y)\mathrm{d}x\mathrm{d}y \Big] = \sum_i K_i \iint\limits_{S_i} \dfrac{\partial}{\partial Y} f(x,y)\mathrm{d}x\mathrm{d}y = 0 \end{cases}$$

(4.136)

由式(4.136)解出的 (X_0,Y_0) 便是面目标上局部最优的可选瞄准点。因为实际上可选瞄准点通常不止一个,所以最优瞄准点:

$$(X,Y) = \mathrm{Arg}\ \mathrm{max}H(X_0,Y_0)$$

(4.137)

即局部最优的可选瞄准点中,其对应的命中要害指数最大的点即为最优瞄准点。

4.3.3.3 考虑目标特性的首发及三发命中率

武器系统的首发命中概率是指独立射击时某一发弹命中目标的概率,等于弹着点在散布平面上的概率密度函数的积分:

$$P_h = \frac{1}{2\pi\sigma_x\sigma_z} \iint\limits_{S_\mathrm{T} \cap x^2+z^2 \leqslant R^2} \exp\Big\{ -\frac{1}{2}\Big[\frac{(x-\mu_x)^2}{\sigma_x^2} + \frac{(z-\mu_z)^2}{\sigma_z^2} \Big] \Big\}\mathrm{d}x\mathrm{d}z$$

(4.138)

式中:S_T 为目标在散布平面上的投影面积。

显然,明确目标在散布平面上的边界轮廓后就可以通过积分得到武器系统对于投影面积为 S_T 的面目标的命中概率,为此采用蒙特卡罗方法来求解定积分。武器系统的三发命中概率同样可以采用蒙特卡罗方法来求解。

采用蒙特卡罗方法进行首发命中概率估计,首先根据立靶试验结果得出该武器的射弹散布规律,然后以最佳瞄准点为瞄准点,用蒙特卡罗方法对射弹散布随机模拟 M 次,每次 1 发,落到目标上次数记为 N,那么可认为该武器首发命中概率为 $\eta = N/M$。同样,对射弹散布随机模拟 M 次,每次 3 发,只要有至少 1 发落到目标上即为此次模拟命中,命中次数记为 P,那么可认为该武器三发命中概

率为 $\xi = P/M$。

4.3.4 应用实例

4.3.4.1 模拟射击胸环靶

某型狙击步枪 1000m 处立靶射击结果如表 4.4 所列。

表 4.4　某型狙击步枪立靶射击结果　　　　　　（单位:cm）

发数	1	2	3	4	5	6	7	8	9	10
X	87.3	54.4	52.7	28.0	-10.7	-12.5	-15.7	-14.2	-19.7	-17.7
Z	23.6	17.6	-43.5	4.7	-1.2	7.2	26.7	32.7	29.6	41.7
发数	11	12	13	14	15	16	17	18	19	20
X	-15.3	-16.4	-12.4	18.2	21.3	25.4	32.8	41.6	43.1	53.7
Z	71.9	42.4	15.5	13.9	25.4	6.9	6.3	-0.6	-27.3	-16.0
发数	21	22	23	24	25	26	27	28	29	30
X	65.8	59.6	50.4	35.3	27.1	-13.6	13.2	18.5	-31.9	-32.4
Z	17.4	-5.5	9.2	-7.9	30.0	6.6	53.9	70.0	-33.5	-1.7

射弹散布大致服从二维正态分布 $N(15.2, 13.9, 26.9^2, 26.9^2)$（单位:cm）。模拟三发圆半径数学期望值为 $D = 65.27$，三发圆分布标准差为 $\sigma_D = 23.971$，估计的期望和标准差的相对误差分别为 44.12%，9.18%，三发圆分布曲线如图 4.1 所示。令其命中 1000m 处的标准胸环靶，得到最佳瞄准点如图 4.2 所示，计算得出首发命中率为 0.88。

4.3.4.2 装甲车辆

某装甲目标其特征形状及区域要害指数划分如图 4.3 所示（单位:m）。

其中 A、B、C、D 分别代表驾驶室、发动机、成员战斗仓、履带。由以往的经验表明,装甲车辆各个区域易损性的判断矩阵为

$$
\begin{array}{ccccc}
 & A & B & C & D \\
A & 1 & 1/3 & 3/4 & 3/8 \\
B & 3 & 1 & 9/4 & 9/8 \\
C & 4/3 & 4/9 & 1 & 1/2 \\
D & 8/3 & 8/9 & 2 & 1 \\
\end{array}
$$

由此可以按照层次分析法确定各区域要害指数分别为 0.3、0.9、0.4、0.8，其一致性检验结果为

$$CI = \frac{\lambda_{\max(C)} - n}{n - 1} = 0$$

式中:$\lambda_{\max(C)}$ 为判断矩阵的最大特征值。

116

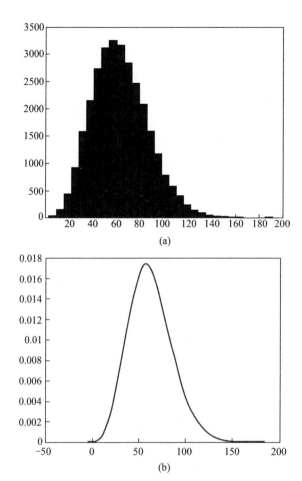

(a)

(b)

图 4.1 某狙击武器三发圆分布曲线

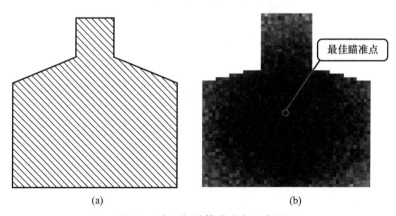

最佳瞄准点

(a)   (b)

图 4.2 胸环靶最佳瞄准点示意图

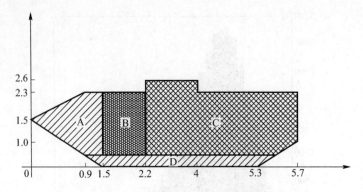

图 4.3　某装甲目标特征形状及区域要害指数划分

对于四阶判断矩阵，$RI = 0.9$，随机一致性比率 $CR = \dfrac{CI}{RI} = 0 < 0.1$，故该判断矩阵具有满意的一致性。

根据以往的靶场试验结果，某型狙击榴弹发射器使用破甲杀伤弹 1000m 处射弹散布大致服从二维正态分布 $N(0.25, 0.35, 1.35^2, 1.34^2)$（单位:m）。令其毁伤 1000m 处该装甲目标 M，采用蒙特卡罗方法确定最佳瞄准点（不考虑瞄准点不在目标上的情况），如图 4.4 所示。

图 4.4　最佳瞄准点位置示意图

以该点作为瞄准点，采用蒙特卡罗方法进行随机模拟，得出首发及三发命中概率估计结果，如表 4.5 所列。可见随着模拟次数的增加，首发命中概率估计及三发命中概率估计均趋于稳定，如图 4.5 所示。

表 4.5　蒙特卡罗方法命中概率稳定性分析

模拟次数	首发命中概率估计			三发命中概率估计		
	均值	方差	极差	均值	方差	极差
100	0.5315	0.0029	0.2	0.8765	0.0023	0.2143
500	0.5089	0.00018588	0.046	0.8891	0.00024485	0.0643

模拟次数	首发命中概率估计			三发命中概率估计		
	均值	方差	极差	均值	方差	极差
1000	0.5133	0.00026647	0.062	0.8835	0.00038024	0.0671
5000	0.5133	5.537×10^{-5}	0.0304	0.8826	2.755×10^{-5}	0.0186
10000	0.5106	1.6034×10^{-5}	0.0169	0.8835	2.4106×10^{-5}	0.0184
50000	0.5117	3.6917×10^{-6}	0.0065	0.884	2.7885×10^{-6}	0.0068
100000	0.5122	3.5046×10^{-6}	0.0077	0.8837	2.1019×10^{-6}	0.0041
500000	0.5120	6.0925×10^{-7}	0.0028	0.8838	3.2832×10^{-7}	0.0021
1000000	0.5121	3.6935×10^{-7}	0.0026	0.8838	1.4115×10^{-7}	0.0016

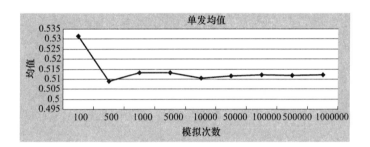

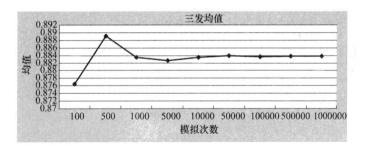

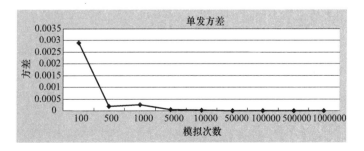

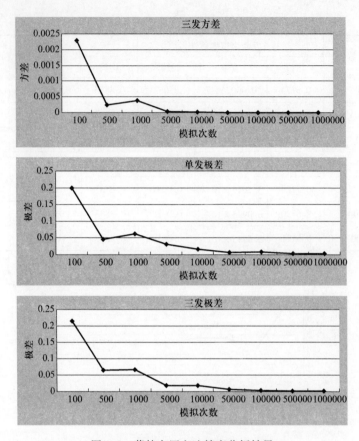

图 4.5　蒙特卡罗方法精度分析结果

　　由表 4.5 可以看出,随着模拟次数的增加,命中概率的估计精度得到提高,实际操作中要考虑精度与计算量之间的矛盾,合理确定模拟次数。

第5章 基于非参数统计的密集度 试验设计与评估

对于某些武器系统当弹着点不满足正态分布,采用正态分布、不相关或方差相等假设往往带来由于模型偏差引起的系统误差,所得出的结论也不稳健,特别是当试验子样数不是很大时,这一问题尤为突出。从武器系统精度指标物理意义上来讲,它是在一定空间上以瞄准点或平均弹着点为中心命中概率50%所对应的距离,即半数必中区域(带或圆),从统计学上,它就是50%分位数即中位数的概念,如中间误差是以平均弹着点为中心落点散布的纵向或横向边缘密度的中位数,CEP就是瞄准点或平均弹着点与落点之间距离的中位数,这样武器系统精度的评定就可以转化为中位数的评定。

对于获得的一组试验数据,直接计算统计量,只能得到一个数据,试验数据所包含的信息并没有充分利用,采用 Bootstrap 或 Bayes Bootstrap 方法获得再生样本,利用非参数核密度估计方法确定密集度的密度分布函数,然后对其密度分布函数进行统计分析。在获得试验数据后,基本思路如下:①试验数据初步分析;②再生样本的产生;③相应统计量计算;④分布密度函数的获取;⑤基于分布函数的密集度评估。

5.1 试验数据初步分析

非参数统计概念形成于 20 世纪 40—50 年代,进入 20 世纪 70—80 年代,非参数统计获得了蓬勃的发展,特别是 Efron 提出 Bootstrap 方法之后,使得非参数方法借助于计算机技术和大量计算获得更稳健的估计和预测,因而在应用领域取得了长足的进步。为了能够充分了解弹着点的分布特性,我们不假定武器密集度服从任何具体的统计分布,尽量从数据(或样本)本身获得所需的信息,通过估计而获得分布的结构,并逐步建立对武器密集度的数学描述和统计模型。但是在不同的分布中,对总体分布的形状可能会有所要求。比如有的方法要求总体分布是对称的,有的要求两个总体的位置参数(如中心)相同,有的要求两个总体的形状相同(但不一定位置相同)。

5.1.1 试验数据的初步处理

当获得试验数据后,首先要对它有个直观的概念。如果数据来自一个总体,首先要看它的大概的分布形状。利用直方图、盒子图(又称箱线图)、茎叶图等,看该分布是否呈现出对称性,是否有很长的尾部,是否有远离数据主体的点等。如果研究对象是多样本模型,数据来自不同总体,除了上述对一个样本所做的分析和处理外,还要看这些样本的形状是否类似;要作各种二维(诸如散点图、直方图和盒子图)或三维图来发现这些样本之间的联系或相关性。

所谓的 Q-Q 图是利用按升幂重新排列的原始数据的样本点和标准正态分布的分位点(通常用 $\Phi^{-1}((i-3/8)/(n+1/4))$)来作散点图。如果原来的样本是正态的,该图应该大致成一条直线;反之,它将在一端或两端有摆动,说明其总体分布与正态分布有差别。

设 $X_{(\alpha)} = (X_{\alpha1}, X_{\alpha2}, \cdots, X_{\alpha p})', \alpha = 1, 2, \cdots, n$ 为来自 p 元总体 X 的随机样本。检验

$$H_0: X \sim N_p(\mu, \Sigma), H_1: X \text{ 不服从 } N_p(\mu, \Sigma)$$

在 H_0 下,将样品 X 到总体中心 μ 的马氏距离 $D^2(X, \mu)$ 记为 D^2,则有

$$D^2 = (X - \mu)' \Sigma^{-1} (X - \mu) \sim \chi^2(p) \tag{5.1}$$

(1) 由 n 个 p 维样品点 $X_{(\alpha)}, \alpha = 1, 2, \cdots, n$ 计算样本均值 $\overline{X}$ 和样本协方差阵 S:

$$S = \frac{1}{n-1} \sum_{\alpha=1}^{n} (X_{(\alpha)} - \overline{X})(X_{(\alpha)} - \overline{X})' \tag{5.2}$$

(2) 计算样品点 $X_{(t)}$ 到 $\overline{X}$ 的马氏距离:

$$D_t^2 = (X_{(t)} - \overline{X})' S^{-1} (X_{(\alpha)} - \overline{X}), t = 1, 2, \cdots, n \tag{5.3}$$

(3) 对马氏距离 D_t^2 按从小到大的次序排序:

$$D_{(1)}^2 \leqslant D_{(2)}^2 \leqslant \cdots \leqslant D_{(n)}^2 \tag{5.4}$$

(4) 计算 $p_{(t)} = \dfrac{t - 0.5}{n}, t = 1, 2, \cdots, n$ 及 χ_t^2 满足:

$$H(\chi_t^2 | p) = p_t \quad (\text{或计算 } H(D_t^2 | p) \text{ 的值})$$

(5) 以马氏距离为横坐标,χ^2 分位数为纵坐标作平面坐标系,用 n 个点 (D_t^2, χ_t^2) 绘制散布图,即得到 χ^2 分布的 Q-Q 图;或者用另 n 个点 $(p_t, H(D_{(t)}^2 | p))$ 绘制散布图,即得 χ^2 分布的 P-P 图。

(6) 考察这 n 个点是否散布在一条通过原点,斜率为 1 的直线上,若是,接受数据来自 p 元正态总体的假设;否则拒绝正态性假设。

122

按照上面的 Q-Q(P-P)图检验法对不同口径的武器的弹着点坐标进行二元正态检验,得出的图形有以下几种形状(其中图 5.1(a)~图 5.1(c)是 P-P图,图 5.1(d)~图 5.1(f)分别是图 5.1(a)~图 5.1(c)对应的 Q-Q 图)。

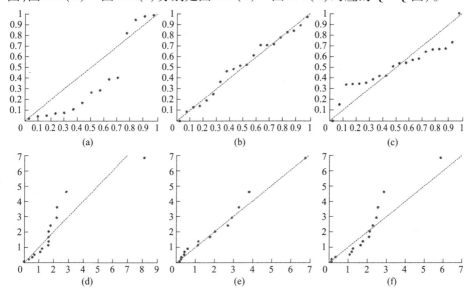

图 5.1 不同口径武器弹着点二元正态分布检验

由图 5.1 可以看出,并不是每种武器都存在弹着点坐标服从二元正态分布的情况。这就提示我们在计算武器密集度时,无法完全接受射弹散布总体服从二元正态分布的假设,从而无法采用经典的方法计算武器密集度。

5.1.2 统计分析方法效率分析

渐近相对效率(Asymptotic Relative Efficiency,ARE)可以用来比较两种统计检验方法的好坏。

假定 α 表示犯第一类错误的概率,而 β 表示犯第二类错误的概率(势为 $1-\beta$)。对于任意的检验 T,理论上都可以找到样本量 n 使该检验满足固定的 α 和 β。显然,为达到这种要求,需要样本量大的检验就不如需要样本量小的检验效率高。如果为达到同样的 α 和 β,检验 T_1 需要 n_1 个观察值,而检验 T_2 需要 n_2 个观察值,则可用 n_1/n_2 来定义 T_2 对 T_1 的相对效率(Relative Efficiency)。当然,相对效率高的检验是较好的。如果固定 α 而让 $n_1 \to \infty$ 这时势 $1-\beta$ 不断增加),则相应检验的样本量 n_2 也一定要增加(趋向于 $+\infty$)以保持两个检验的势一样。在一定的条件下,相对效率 n_1/n_2 存在极限。这个极限就称为渐近相对效率(ARE)。

在实践中,小样本占很大的比例,人们必然会考虑用 ARE 是否合适。实际上,虽然 ARE 是在大样本时导出的,但是在比较不同检验时,小样本的相对效率一般都接近 ARE。在比较非参数检验方法和传统方法时,往往小样本的相对效率要高于 ARE,因此,如果非参数方法的 ARE 较高,则自然不应忽略它。

传统的统计检验方法主要是以正态分布理论为基础的检验,其中 t 检验是有代表性的。当总体的确是正态分布时,t 检验的效率自然比非参数检验方法高。在总体分布不是正态,或总体分布有污染时,表 5.1 给出符号检验(用 S 表示)和 Wilcoxon 符号秩检验(用 W^+ 表示)相对于 t 检验的渐近相对效率。

表 5.1　渐近相对效率表

分布和 密度函数	$U(-1,1)$ $\frac{1}{2}I(-1,1)$	$N(0,1)$ $\frac{1}{\sqrt{2\pi}}e^{-\frac{1}{2}x^2}$	Logistic $e^{-x}(1+e^{-x})^{-2}$	重指数 $\frac{1}{2}e^{-|x|}$
ARE(W^+,t)	1	$3/\pi$ (≈0.955)	$\pi^2/9$ (≈1.097)	$3/2$
ARE(S,t)	$1/3$	$2/\pi$ (≈0.637)	$\pi^2/12$ (≈0.822)	2
ARE(W^+,S)	3	$3/2$	$4/3$	$3/4$

可以看出,对正态总体,t 检验最好,但相对于 Wilcoxon 检验优势也不明显($\pi/3\approx1.047$)。但当总体不是正态分布时,Wilcoxon 检验优势优于或等于 t 检验。在重指数分布时,符号检验也优于 t 检验。

下面再看标准正态总体 $\Phi(x)$ 有部分污染的情况。这里假定它被尺度不同的正态分布 $\Phi(x/3)$ 作了部分污染(比例为 ε),污染后的总体分布函数为 $F_\varepsilon(x)=(1-\varepsilon)\Phi(x)+\varepsilon(x/3)$。这时,对于不同的 ε,Wilcoxon 对 t 检验的 ARE 如表 5.2 所列。

表 5.2　对于不同的 ε,Wilcoxon 对 t 检验的 ARE

ε	0	0.01	0.03	0.05	0.08	0.10	0.15
ARE(W^+,t)	0.955	1.009	1.108	1.196	1.301	1.373	1.497

表 5.3 列出了 Wilcoxon 检验,符合检验和 t 检验之间的 ARE 的范围。

表 5.3　符合检验和 t 检验之间的 ARE 的范围

ARE(W^+,t)	ARE(S,t)	ARE(W^+,S)
$\left(\frac{108}{125},\infty\right)\approx(0.864,\infty)$	$[1/3,\infty)$ 非单峰时:$(0,\infty)$	$(0,3]$ 非单峰时:$(0,\infty)$

从上面的关于 ARE 的讨论可以看出,在不知道武器密集度总体分布的情况下,非参数统计检验方法有不小的优势。

5.1.3　一元总体下多组数据同分布检验

由于密集度试验一般要射击多组,每组射击结果往往是小样本,这样可以考虑把不同组试验样本融合为一组,好处是可以增加试验样本数,方便处理。一般同分布检验的方法有符号检验、秩和检验和单因素方差分析检验法,这里介绍单因素方差分析检验法。

在武器射击试验中,把试验的结果称为试验指标,影响试验指标的条件称为因素,因素所处的不同状态称为水平。如果在一项试验中只有一个因素在改变称为单因素试验,如果多于一个因素在改变称为多因素试验。

以弹着点坐标 Y 为例,试验组号为因素 A,有 m 个水平 $A_1, A_2, \cdots, A_m$,在水平 $A_i(i=1,2,\cdots,m)$ 下,进行 n 次独立射击试验,获得弹道一致性试验数据 y_1,$\cdots, y_{ij}, \cdots, y_{mn}$,对应单因素方差分析模型为

$$\begin{cases} y_{ij} = \mu_i + \varepsilon_{ij}, i = 1,2,\cdots,m; j = 1,2,\cdots,n \\ \varepsilon_{ij} \sim N(0,\sigma^2) \\ 各\ \varepsilon_{ij}\ 独立 \end{cases} \quad (5.5)$$

式中:μ_i 与 σ^2 均为未知参数。

方差分析的任务就是检验 m 个总体:$N(\mu_1, \sigma^2), \cdots, N(\mu_m, \sigma^2)$ 的均值是否相等,即检验假设

$$H_0: \mu_1 = \mu_2 = \cdots = \mu_m, H_1: \mu_1, \mu_2, \cdots, \mu_m\ \text{不全相等}$$

根据试验数据计算单因素方差分析表 5.4 中各项,在给定的显著水平 α 下,做出判断:如果 $F \leqslant F_\alpha(m-1, m(n-1))$,接受原假设,认为各总体均值相等,即各总体服从同一正态分布。

表 5.4　试验数据计算单因素方差分析

方差来源	平方和	自由度	均方	F 比
因素 A	S_A	$f_A = m-1$	$\bar{S}_A = S_A/f_A$	$F = \bar{S}_A/\bar{S}_E$
误差	S_E	$f_E = m(n-1)$	$\bar{S}_E = S_E/f_E$	
综合	S_T	$f_T = mn-1$		

记 $T_i = \sum\limits_{i=1}^{n} y_{ij}, i = 1,2,\cdots,m, T = \sum\limits_{i=1}^{m}\sum\limits_{j=1}^{n} y_{ij}$,则相应平方和的计算方法为

$$\begin{cases} S_{\mathrm{T}} = \displaystyle\sum_{i=1}^{m} \sum_{j=1}^{n} y_{ij}^2 - \frac{T^2}{mn} \\ S_{\mathrm{A}} = \displaystyle\frac{1}{n} \sum_{i=1}^{m} T_i^2 - \frac{T^2}{mn} \\ S_{\mathrm{E}} = S_{\mathrm{T}} - S_{\mathrm{A}} \end{cases} \tag{5.6}$$

5.1.4 多元总体下独立性检验

在正态总体假设下,独立性检验下可化简为检验:

$H_0: \Sigma_{ij} = 0$(一切 $i \neq j$),$H_1: \Sigma_{ij} \neq 0$,至少有一对 $i \neq j$

设 $X_\alpha (\alpha = 1, 2, \cdots, n; n > p)$ 为来自总体 X 的随机样本,将 X_α 样本均值向量 $\overline{X}$ 和样本离差阵

$$A = \sum_{j=1}^{n} (X_{(j)} - \overline{X})(X_{(j)} - \overline{X})' \tag{5.7}$$

作相应剖分:

$$X_\alpha = \begin{bmatrix} X_{(\alpha)}^1 \\ \vdots \\ X_{(\alpha)}^k \end{bmatrix}, \overline{X} = \begin{bmatrix} \overline{X}^{(1)} \\ \vdots \\ \overline{X}^{(k)} \end{bmatrix}, A = \begin{bmatrix} A_{11} \cdots A_{1k} \\ \vdots \\ A_{k1} \cdots A_{kk} \end{bmatrix} \tag{5.8}$$

应用似然比原理,在 H_0 成立时,$X_{(\alpha)}^{(i)} \sim N_{p_i}(\mu^{(i)}, \Sigma_{ii})$,$i = 1, 2, \cdots, k; \alpha = 1, 2, \cdots, n$ 且相互独立,故样本的似然函数为

$$L(\mu, \Sigma) = \prod_{i=1}^{k} L_i(\mu^{(i)}, \Sigma_{ii}) \tag{5.9}$$

当 $\hat{\mu}^{(i)} = \overline{X}^{(i)}, \hat{\Sigma}_{ii} = \dfrac{1}{n} A_{ii}$ 时,$L_i(\mu^{(i)}, \Sigma_{ii})$ 达最大。所以似然比统计量表达式的分子为

$$\begin{aligned} \max_{\mu, \Sigma_{ij}=0} L(\mu, \Sigma) &= \prod_{i=1}^{k} (2\pi)^{-np_i/2} \left| \frac{A_{ii}}{n} \right|^{-n/2} e^{-np_i/2} \\ &= (2\pi)^{-np_i/2} e^{-np/2} \prod_{i=1}^{k} \left| \frac{A_{ii}}{n} \right|^{-n/2} \end{aligned} \tag{5.10}$$

似然比统计量为

$$\lambda = \prod_{i=1}^{k} \left| \frac{A_{ii}}{n} \right|^{-n/2} \bigg/ \left| \frac{1}{n} A \right|^{-n/2} = \left(\frac{|A|}{\prod\limits_{i=1}^{k} |A_{ii}|} \right)^{n/2} \overset{\text{def}}{=\!=} V^{n/2}, \quad \ln\lambda = \frac{n}{2} \ln V \tag{5.11}$$

Box 证明了,在 H_0 成立下当 $n \to \infty$ 时,$-b\ln V \sim \chi^2(f)$,其中

126

$$b = n - 1.5 - \frac{p^3 - \sum\limits_1^k p_\alpha^3}{3\left(p^2 - \sum\limits_1^k p_\alpha^2\right)} \qquad (5.12)$$

5.2 再生样本的产生方法

随着计算机技术的高速发展,利用已知资料、计算机仿真和少量的试验数据样本信息去模拟未知分布,已成为数据分析中常用的一种办法。在不清楚验前信息的情况下,甚至可以通过少量试验数据,直接通过仿真计算来获得最终结果。以美国斯坦福大学 B. Efron 教授为首研究的计算机统计方法——Bootstrap方法和 C. RuBin 教授提出的 Bayes Bootstrap 方法,正是在此理论基础下的一种非参数统计方法。这种方法不必对未知分布做任何假设,通过计算机对原始数据进行再抽样,来模拟未知分布,从而估计出所求解的某未知变量。

5.2.1 Bootstrap 方法

5.2.1.1 Bootstrap 方法发展

关于 Bootstrap 方法,其系统地提出和介绍当归功于美国统计学家 B. Efron。然而事实上 Bootstrap 所利用的重抽样思想由来已久,在 Bootstrap 理论出现之前,统计界较有影响力的一种重抽样方法是 Jackknife,是由 Quenouille 和 Tukey分别提出的估计量的偏差和方差的 Jackknife 估计。Jackknife 估计的基本思想是:对于一个估计量,往往不仅关心它的估计值,同时也关心这个估计量的质量或者稳定性,这样的性质在统计上通常可以用偏差或者方差来反映。然而问题是,如果只有一组样本,因此只能计算出一个值,那么怎样计算这个估计量的方差呢? 计算偏差也有类似的障碍:不知道参数真实值,如何计算偏差? Jackknife通常采用的做法就是:在一批样本点中,每次删除一个(或者几个)样本点,用剩下的样本和同样的估计量公式去重新计算估计值,经过逐个删除并计算之后,便可以得到一系列估计值,此时再利用一种类比关系即可求出偏差和方差,这种"类比"也是几乎所有重抽样方法最核心的思路:子样本之于样本,可以类比样本之于总体(图5.2)。

将样本类比于总体,那么也就相当于知道了"真实"参数,将子样本类比于样本,也就可以求得诸如偏差、方差的估计值。通常这些估计都是采用多次重抽样之后的平均。

那么,这种"简单的思想"究竟是怎样的? 下面给出简易而正式的描述。

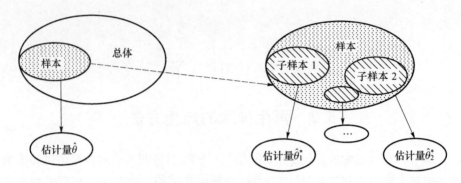

图 5.2　重抽样方法的思想示意图

设 $X_1, X_2, \cdots, X_n$ 为一系列随机变量, 联合分布为 P_n, 为了估计总体参数 θ, 通常可以用某种方法(极大似然估计或者矩估计等)得到基于样本的一个估计量 θ_n。然而我们不仅关心估计值本身, 同时也关心估计量的准确程度, 比如可能会问: 它稳定吗? 它离真实值的差距是多少? 等等。事实上这样的问题往往是不可能有真正意义上的答案的, 因为大多数情况下我们所面临的仅仅是样本, 而不知道总体。

如果用统计的语言来概括上面的问题, 其实所有问题的核心都在于 θ_n 的分布是怎样的? Bootstrap 所提供的解决方案正是针对 θ_n 的分布的, 其基本要义是:

假设样本数据来自于分布为 P_n 的总体 $\{X_1, X_2, \cdots, X_n\} \equiv X_n$, 给定 X_n 的条件下, 可以构造 P_n 的估计 $\hat{P}_n$, 然后从分布 $\hat{P}_n$ 中重新生成一批随机变量: $\{X_1^*, X_2^*, \cdots, X_n^*\} \equiv X_n^*$, 如果 $\hat{P}_n$ 是 P_n 的一个足够好的估计, 那么 X_n 与 P_n 的关系就会在 X_n^* 与 $\hat{P}_n$ 的关系中被很好地体现出来。同样的步骤可以重复多次, 最后就能根据与 $\hat{\theta}_n$ 类似的估计式从新的重构数据得到多个估计值, 那么便可以通过一些类比思想得到我们想要的衡量估计量准确程度的指标。如求 $\hat{\theta}_n$ 的方差的问题可以转为求 $\hat{\theta}_n^*$ 的方差, 其中 $\hat{\theta}_n^*$ 的定义式与 $\hat{\theta}_n$ 完全类似, 仅仅是估计时用到的样本不同而已(用 X_n^* 代替 X_n), 这样通过生成不同的 X_n^* 来得到若干估计量 $\hat{\theta}_n^*$; 同样, $\hat{\theta}_n$ 的分位数可以用 $\hat{\theta}_n^*$ 相应的分位数来估计, 等等。

在 Bootstrap 的实现过程中, 计算机的地位不容忽视, 因为 Bootstrap 涉及大量的模拟计算。可以说如果没有计算机, Bootstrap 理论只可能是一纸空谈。需要计算机辅助计算的原因在于: 很多情况下关于总体参数的某些推断(如均值的方差、均值的分位数、方差的置信区间等)几乎不可能推导出明确的解析式来, 在不太复杂的情况下, 其实也能见到这些解析式, 如回归系数的方差等都有

128

显式的解析表达式,但当统计理论变得越来越复杂时,这样的表达式就会变得很难推导,于是不得不摒弃这种烦琐的理论推导,改由计算机进行蒙特卡罗模拟计算。具体步骤如前所述,最终可以得到一系列$\hat{\theta}_n^*$,然后再将其经验分布作为$\hat{\theta}_n^*$真实分布的一个蒙特卡罗近似。

至此可以看到,Bootstrap 方法并不需要对总体分布作假设或事先推导估计量的解析式,它要做的仅仅是重构样本并不断计算估计值。显然,它本质上是一种非参数方法,那么在分布假设太牵强或者解析式太难推导时,Bootstrap 也就为我们提供了解决问题的另一种有效的思路。

对于一系列独立同分布的随机变量 $X_1, X_2, \cdots, X_n$,选取经验分布 $F_n(x)$ 作为真实分布 F 的估计 F_n,即

$$F_n(x) = n^{-1} \sum_{i=1}^{n} I(X_i \leqslant x), \quad x \in \Re \tag{5.13}$$

式中:$I(\cdot)$ 为示性函数。

当然,F 的估计也可以有其他选择。当确定 F 的估计 F_n 就是经验分布 $F_n(x)$ 时,其实"重构数据"这一步看似模糊的操作就马上简化为"有放回的简单随机抽样"(因为经验分布的本质也就是取任何一个值的概率都相等),即从 $\{X_1, X_2, \cdots, X_n\} \equiv X_n$ 中有放回地随机抽取 $X_1^*, X_2^*, \cdots, X_m^*$。一般情况下,样本量 $m = n$,但某些情况下也可以设置为 $m \neq n$。例如,关心一个既包含样本又包含总体参数的随机变量 $T_n = \sqrt{n}(\overline{X}_m^* - \mu)/\sigma$(标准化样本均值)的分布情况,其Bootstrap 估计是 $T_{m,n}^* = \sqrt{m}(\overline{X}_m^* - \hat{\mu}_n)/\sigma$,在取 $\hat{F}_n = F_n$ 的情况下,$\hat{\mu}_n$ 和 $\hat{\sigma}_n$ 分别可以由样本均值 $\overline{X}_n$ 和样本标准差 S_n 来估计。

那么马上就会产生疑问:$T_{m,n}^*$ 对 T_n 的逼近程度是否足够好?$m = n$ 时,Bickel 和 Freedman 以及 Singh 证明了方差有限的独立同分布随机变量的样本均值 T_n 的 Bootstrap 近似 $T_{m,n}^*$ 是渐进相合的。而 Singh 进一步证明了在某些条件下Bootstrap 近似比传统正态近似的收敛速度要快。

Efron 也曾提到关于 Bootstrap 方法优势的例子,一个比较典型的就是在估计样本分位数的方差时,传统的 Jackknife 方法会失效(估计量不相合),而 Bootstrap 则能取得很好的结果。

5.2.1.2 Bootstrap 方法的基本思想及其理论研究

假设观测子样 $X_1, X_2, \cdots, X_n$ 是来自于某同一未知分布 F 的一组独立子样,$\theta = \theta(F)$ 是总体分布 F 的某个参数,如均值、方差。F_n 是子样 $X_1, X_2, \cdots, X_n$ 的经验分布,$\hat{\theta} = \hat{\theta}(F_n)$ 是 θ 的估计,记估计误差为

$$R(X, F) = \hat{\theta}(F_n) - \theta(F) \triangleq T_n \tag{5.14}$$

它是随机变量,是 X 和 F 的函数。

设 $X_1^*, X_2^*, \cdots, X_n^*$ 是从经验分布凡中重新抽样所得的一组子样,记

$$R^*(X^*, F_n) = \hat{\theta}(F_n^*) - \hat{\theta}(F_n) \triangleq R_n \qquad (5.15)$$

式中:F_n^* 为 $X_1^*, X_2^*, \cdots, X_n^*$ 的经验分布;R_n 为 T_n 的 Bootstrap 统计量。

定理 5.1 由 Bootstrap 方法再抽样来估计参数值 $\theta(F)$,可对再抽样均值求平均来估计参数值,即令 $\hat{\theta}_{BM} = \dfrac{1}{N} \sum_{i}^{N} \overline{X}_i^*$,$\overline{X}_i^* = \dfrac{1}{n} \sum_{j=1}^{n} X_{ij}^*$,$X_1, X_2, \cdots, X_n$ 为观测样本,$X_{i1}^*, X_{i2}^*, \cdots, X_{in}^*$ 为第 i 组 Bootstrap 再抽样样本,$i = 1, 2, \cdots, N$。

则

$$\lim_{N \to \infty} \hat{\theta}_{BM} = \frac{1}{n} \sum_{j=1}^{n} X_j \qquad (5.16)$$

且 $\hat{\theta}_{BM}$ 是 $\theta(F)$ 的无偏估计,且统计量 R_n、T_n 满足 $E(R_n) = E(T_n) = 0$。

证明:由 Bootsrtap 方法的实现原理知,对已观测样本 $X_1, X_2, \cdots, X_n$,在任一次再抽样中,观测子样 X 的出现为独立等概率的,概率为 $1/n$。

设 $X_{i1}^*, X_{i2}^*, \cdots, X_{in}^*$,$i = 1, 2, \cdots, N$,为对已观测样本的经验函数进行再抽样所得的一组子样,N 为再抽样组数;ζ_{kj} 表示在某一次再抽样中 X_j 是否出现的示性函数,再抽样值为 X_j,则 $\zeta_{kj} = 1$,否则为 0。

由 $\hat{\theta}_{BM} = \dfrac{1}{N} \sum_{i=1}^{N} \overline{X}_i^* = \dfrac{1}{N} \sum_{i=1}^{N} \dfrac{1}{n} \sum_{j=1}^{n} X_{ij}^* = \dfrac{1}{N} \sum_{i=1}^{N} \dfrac{1}{n} \sum_{j=1}^{n} \sum_{k=1}^{n} \zeta_{kj} X_j$ 和 $E(\zeta_{kj}) = 1/n$,又由贝努利大数定律知

$$\lim_{N \to \infty} \frac{1}{Nn} \sum_{i=1}^{N} \sum_{k=1}^{n} \zeta_{ki} = p\{X_{ij}^* = X_j\} = \frac{1}{n} \qquad (5.17)$$

故

$$\begin{cases} \lim_{N \to \infty} \hat{\theta}_{BM} = \lim_{N \to \infty} \dfrac{1}{n} \sum_{j=1}^{n} \dfrac{1}{N} \sum_{i=1}^{N} \sum_{k=1}^{n} \zeta_{kj} X_j = \lim_{N \to \infty} \sum_{j=1}^{n} \left(\dfrac{1}{n} \cdot \dfrac{1}{N} \sum_{i=1}^{N} \sum_{k=1}^{n} \zeta_{kj} \right) \cdot X_j \\ \qquad = \dfrac{1}{n} \sum_{j=1}^{n} X_j \\ E(\hat{\theta}_{BM}) = E\left(\dfrac{1}{N} \sum_{i=1}^{N} \dfrac{1}{n} \sum_{j=1}^{n} \sum_{k=1}^{n} \zeta_{kj} X_j \right) = \dfrac{1}{N} \dfrac{1}{n} \sum_{i=1}^{N} \sum_{j=1}^{n} \sum_{k=1}^{n} E(\zeta_{kj} X_j) = \theta \end{cases}$$

$$(5.18)$$

所以 $\lim_{N \to \infty} \hat{\theta}_{BM} = \dfrac{1}{n} \sum_{i=1}^{n} X_j$,$\hat{\theta}_{BM}$ 是 $\theta(F)$ 的无偏估计成立。

又因为 $E(\hat{\theta}(F_n)) = E\left(\dfrac{1}{n}\sum_{j=1}^{n}X_j\right) = \dfrac{1}{n}\sum_{j=1}^{n}E(X_j) = \theta,$

所以 $E(R_n) = E(T_n) = 0$ 成立。

该定理说明了用再抽样均值的平均值来估计相应参数值,以及用 R_n 的概率分布去模拟随机变量 T_n 的概率分布是可行的。

显然,$R(X,F)$ 的均值和方差分别为 $\theta(F)$ 估计误差的均值和方差。借助计算机统计计算,通过多次样本再抽样过程,可以获得 N 个 Bootstrap 统计量 $R^*(1)$,$R^*(2),\cdots,R^*(N)$。从而可用 $R^*(i)$ 的频率曲线作为 Bootstrap 分布的逼近,得出 R_n 的概率分布,用 R_n 的分布去模拟 T_n 的分布。由此,可以通过观测样本 X_1,$X_2,\cdots,X_n$ 估计 $R(X,F)$ 的分布特征,从而来估计总体分布 F 的参数 $\theta(F)$。

5.2.1.3 Bootstrap 方法再抽样过程分析

对 Bootstrap 方法中再抽样数据的实现,Efron 并没有给出特定的实现方法,他指出应在具体问题模型下采取相应的方法。而通常抽样分布方法可以归纳为两种:一种是假设试验所得样本数据服从某含参分布,利用样本观测值进行参数估计然后具体得出分布形式再进行抽样,称为含参分布抽样法;另一种是并不假设观测数据符合某一分布形式,直接由经验分布进行抽样,称为非参数抽样法。

在 Bootstrap 方法中解决问题的关键为对已知样本进行再抽样,再抽样过程既是问题中的重点也是问题的难点。再抽样样本的获取方式再抽样样本量和各组样本数据的容量的选取,都是研究问题的关键。

由 Bootstrap 方法的思想原理知道,再抽样样本量越大,对抽样中各组样本数据的容量越大,所要求解的估计统计量 R_n 越更好地逼近某一概率分布。一般地,采取每组样本量 m 等于试验中已观测数据的个数 n;而再抽样样本组 N,通常根据具体情况在 $1000 \sim 10000$ 之间选取。

5.2.1.4 Bootstrap 方法再抽样的实现步骤

在一定条件下,采用线性同余法可以生成在给定范围下满足独立性、满周期性与均匀性的随机数据。由此,给出下面对应的抽样方法:

(1) 利用计算机在 0 到 M 之间产生随机整数 m,此时,应保证生成值 m,在 0 到 M 上具有独立性、满周期性与均匀性,$M \gg n$,n 为所得观测子样的个数;

(2) 令 $k = m\%n$,k 为 n 整除 m 所得的余数,则 $k+1$ 在 1 到 n 上相应地具有独立性、满周期性与均匀性;

(3) 在已观测样本值 $X_1,X_2,\cdots,X_n$ 中取下标为 $k+1$ 的对应样本 X_j,作为再抽样产生值;

(4) 将(1)、(2)、(3)重复执行 n 次,即得到一组再抽样样本 $X_1^*,X_2^*,\cdots,X_n^*$。

5.2.2 Bayes Bootstrap 方法

5.2.2.1 Bayes Bootstrap 方法原理及其理论研究

在应用 Bootstrap 方法对射击精度目标误差进行估计时,对再抽样过程除上述方案外,通常也会采取以下方法,即 Bayes Bootstrap 方法。

定义 5.1 若 Y_i 是 $k \times k$ 阶随机正定阵, $i = 1,2,\cdots,n-1$, $\sum\limits_{i=1}^{n-1} Y_i < I$,且($Y_1$, $Y_2,\cdots,Y_{n-1}$)的联合密度函数为

$$\frac{\Gamma_k\left(\sum\limits_{i=1}^{n-1} a_i\right)}{\prod\limits_{i=1}^{n} \Gamma_k(a_i)} \prod_{i=1}^{n} |Y_i|^{a_i-(k+1)/2} \cdot \left|I - \sum_{i=1}^{n-1} Y_i\right|^{a_n-(k+1)/2} \tag{5.19}$$

其中 $\min(a_1,a_2,\cdots,a_n) \geqslant k/2$,则称($Y_1,Y_2,\cdots,Y_{n-1}$)服从矩阵变量的 Dirichlet 分布,记 $Y_1,Y_2,\cdots,Y_{n-1} \sim D_k(a_1,a_2,\cdots,a_{n-1};a_n)$。

当 $k=1,a_1=1,a_2=1,\cdots,a_n=1$ 时,即得($Y_1,Y_2,\cdots,Y_{n-1}$)的 Dirichlet 的分布为 $D(1,\cdots,1;1)$ 其密度函数 $f(y_1,y_2,\cdots,y_{n-1}) = \Gamma(n)$, $y_1 > 0,\cdots,y_{n-1} > 0$,且 $\sum\limits_{i=1}^{n-1} y_i$。

定义 5.2 考虑统计量

$$\sum_{i=1}^{n} v_i X_i - \hat{\theta}(F_n) \triangleq D_n \tag{5.20}$$

其中($v_1,v_2,\cdots,v_{n-1}$)为取自 Dirichlet 分布 $D(1,\cdots,1;1)$ 的 $n-1$ 维随机变量, $v_n = 1 - \sum\limits_{i=1}^{n-1} v_i$,用式(5.20)中的的分布去模拟式(5.19)中 T_n 的分布。通过将随机的权($v_1,v_2,\cdots,v_{n-1}$)加在观测数据 $X_1,X_2,\cdots,X_n$ 上获得加权均值 $\sum\limits_{i=1}^{n} v_i X_i$,因此该方法也称为 Bayes Bootstrap 法。

引理 5.1 设 $F(x)$ 为连续随机变量 X 的分布函数,则 $Y = F(x)$ 服从均匀分布 $U(0,1)$。

引理 5.2 设 $u_1,u_2,\cdots,u_{n-1}$ 为均匀分布 $U(0,1)$ 的 iid 样本序列, $u_{(1)},u_{(2)}$, $\cdots,u_{(n-1)}$ 为它所对应的次序统计量,又记 $u_{(0)}=0,u_{(n)}=1$,则 $v_{(i)} = u_{(i)} - u_{(i-1)}$ 的联合分布为 Dirichlet 分布 $D(1,\cdots,1;1)$, $i=1,2,\cdots,n-1$。

引理 5.3 设 $X_1,X_2,\cdots,X_n \sim iidF$,又设 $\mu_2(F) \left[\triangleq \int x^2 dF - \left(\int x dF\right)^2 \right] <$ ∞,则对几乎所有的样本序列 $X_1,X_2,\cdots,X_n$ 下式成立。

132

$$\sqrt{n}D_n \xrightarrow{\ell^*} N(0,\mu_2)$$

式中:ℓ^* 表示式中 $\sqrt{n}D_n$ 的条件分布弱收敛于 $N(0,\mu_2)$。

定理5.2 若 $(Y_1,Y_2,\cdots,Y_{n-1})$ 服从 Dirichlet 分布 $D(1,\cdots,1;1)$,则 $E(Y_1) = E(Y_2) = \cdots = E(Y_{n-1})\dfrac{1}{n}$。

证明:因为 $(Y_1,Y_2,\cdots,Y_{n-1})$ 服从 Dirichlet 分布 $D(1,\cdots,1;1)$,所以由定义 5.1 知 $(Y_1,Y_2,\cdots,Y_{n-1})$ 所对应的密度函数为

$$f(y_1,y_2,\cdots,y_{n-1}) = \Gamma(n),y_1 > 0,\cdots,y_{n-1},\text{且}\sum_{i=1}^{n-1}y_i < 1$$

对任一随机变量 Y_i,令 $T_1 = Y_i$

$$T_2 = T_l + Y_1 = Y_l + Y_1$$
$$\cdots$$
$$T_l = T_{l-1} + Y_{l-1} = Y_l + Y_1 + \cdots + Y_{i-1}$$
$$T_{l+1} = T_l + Y_{l-1} = Y_l + Y_1 + \cdots + Y_{i-1} + Y_{i+1}$$
$$\cdots$$
$$T_{n-1} = T_{n-2} + Y_{n-1} = Y_i + Y_1 + \cdots + Y_{i-1} + Y_{i+1} + \cdots + Y_{n-1}$$

则其雅克比行列式 $|J| = 1$,从而可得

$$f(t_1,\cdots,t_{n-1}) = \Gamma(n)$$

所以 $E(Y_i) = E(T_1) = \displaystyle\int_0^1 \int_0^{t_{n-1}} \cdots \int_0^{t_2} t_1 \mathrm{d}t_1 \cdots \mathrm{d}t_{n-1} = \dfrac{1}{n}$

由此可证 $E(Y_1) = E(Y_2) = \cdots = E(Y_{n-1}) = \dfrac{1}{n}$ 成立。

定理5.3 在由 Bayes Bootsrtap 方法来估计参数值 $\theta(F)$ 时,对加权均值求平均来估计参数值,即令 $\bar{\theta}_{\mathrm{BBM}} = \dfrac{1}{N}\sum_{i=1}^{N} V_\theta^i$,其中 $V_\theta^i = \sum_{j=1}^{n} v_j^i X_j, X_1, X_2, \cdots, X_n$ 为已观测样本,$V_1^i, V_2^i, \cdots, V_n^l$ 为由 Bayes Boostrtap 方法产生的第 i 组加权值,$i = 1,2,\cdots,N$,则 $\lim\limits_{N\to\infty} \hat{\theta}_{\mathrm{BBM}} = \dfrac{1}{n}\sum_{j=1}^{n} X_j(P)$。$\hat{\theta}_{\mathrm{BBM}}$ 是 $\theta(F)$ 的无偏估计,统计量 D_n、T_n 满足 $E(R_n) = E(T_n) = 0$。

证明:由 Bayes Bootstrap 方法定义知,$(v_1,v_2,\cdots,v_{n-1})$ 为取自 Dirichlet 分布 $D(1,\cdots,1;1)$ 的 $n-1$ 维随机变量,$v_n = 1 - \sum_{k=1}^{n-1} v_i$。由定理 5.2 知

$$E(v_1) = E(v_2) = \cdots = E(v_n) = \frac{1}{n}$$

则由切比雪夫大数定律知

$$\frac{1}{N}\sum_{i=1}^{N} v_j^i \xrightarrow{P} E[v_j] = \frac{1}{n}(N \to \infty), i = 1,2,\cdots,n$$

又因为 $(v_1,v_2,\cdots,v_n)$ 与 $X_1,X_2,\cdots,X_n$ 相互独立，$\hat{\theta}_{BBM} = \frac{1}{N}\sum_{i=1}^{n} V_\theta^i = \frac{1}{N}\sum_{i=1}^{N}$

$\sum_{j=1}^{n} v_j^i X_j$，

故 $\lim_{N\to\infty} \hat{\theta}_{BBM} = \lim_{N\to\infty} \frac{1}{N}\sum_{i=1}^{N}\sum_{j=1}^{n} v_j^i X_j = \sum_{i=1}^{n} \lim_{N\to\infty} \frac{1}{N}\sum_{j=1}^{N} v_j^i = \frac{1}{n}\sum_{j=1}^{n} X_j(P)$ 成立。

$$E(\hat{\theta}_{BBM}) = E\left(\frac{1}{N}\sum_{i=1}^{N}\sum_{j=1}^{n} v_j^i X_j\right) = \frac{1}{N}\sum_{i=1}^{N}\sum_{j=1}^{n} E(v_j^i X_j)$$

$$= \frac{1}{N}\sum_{i=1}^{N}\sum_{j=1}^{n} E(v_j^i) E(X_j) = \theta,$$

即 $\hat{\theta}_{BBM}$ 是 $\theta(F)$ 的无偏估计。

又因为 $E(\hat{\theta}(F_n)) = E\left(\frac{1}{n}\sum_{j=1}^{n} X_j\right) = \frac{1}{n}\sum_{j=1}^{n} E(X_j) = \theta,$

所以 $E(R_n) = E(T_n) = 0$ 成立。

该定理说明对加权均值求平均来估计参数值，用式(5.20)中 D_n 的概率分布去模拟式(5.19)中的随机变量 T_n 的概率分布是可行的。

5.2.2.2 Bayes Bootstrap 方法的再抽样过程的实现

已有文献证明了 Bayes Bootstrap 方法中的随机变量 $\sqrt{n}D_n$ 与 $\sqrt{n}T_n$ 具有相同的极限，说明统计量 $\sqrt{n}D_n$ 是弱收敛的，在渐进意义下是可用的，也是值得推广的。

类似于 Bootsrtap 方法再抽样方案，此处所采取的仍然为非参数下再抽样。不同之处在于在 Bayes Bootstrap 方法中，我们利用了样本分布函数 $F(x)$ 在[0, 1]上服从均匀分布的原理，由此采取 Bayes Bootstrap 方法，根据引理5.1、引理5.2，对观测样本进行随机加权，从而可得平均加权值。则此时所产生的平均加权值不同于 Bootstrap 即再抽样值仅限于原观测样本值，它可以存在从最小观测值 $x_{(l)}$ 到最大观测值 $x_{(n)}$ 间的整个实数区间。再抽样样本生成步骤为：

（1）利用计算机在区间[0,1]上产生 $n-1$ 个随机 u_i，$i = 1,2,\cdots,n-1$，此时，应保证生成值 u_l 在区间[0,1]上具有独立性与均匀性；

（2）对生成值 u_i 进行排序，并令 $u_{(0)} = 0, u_{(n)} = 1$，计算 $v_i = u_{(i)} - u_{(i-1)}$，$i = 1,2,\cdots,n$。

5.2.2.3　精度分析

经典统计方法是先假定总体的分布,然后再对总体分布的参数进行统计推断,Bootstrap 方法是利用经验分布估计总体的分布,然后在此基础上以经验分布的参数或特征量估计误差的分布代替总体参数或特征量估计误差的分布,来对总体的参数或分布特征量进行统计推断。

两种方法处理问题的思路明显不一样,因此引起的统计推断的误差源也不同。经典统计方法的误差主要来自于两个方面:一是总体分布的误差,如果对总体分布的假设有误,其误差必然代入统计推断结果的误差中。对普通弹药落点服从正态分布,已成定论。但对于新型弹药,特殊的弹道,射弹落点不一定完全服从正态分布。二是样本量引起的误差,样本容量的不足将影响统计推断的精度和准确度。统计推断的基础就是样本的信息,通过样本推断总体参数是统计方法的本质。因此,需要足够的样本容量才能保证推断的正确性。Bootstrap 方法统计推断的误差主要来自于两个方面:一是经验分布与总体分布的逼近程度所引起的误差;二是参数估计误差分布的不一致性所带来的误差。当经验分布的参数或特征量的估计误差分布与总体参数或特征量的估计误差分布存在大的误差时,将严重影响统计推断的结果的准确性。而这两种误差源都是由于样本量的不足引起的,因此决定 Bootstrap 方法精度的主要因素是样本容量的大小,不存在对总体分布假设错误的问题。已有文献提出,样本子样可以少到 10 个。本节以瑞利分布为例讨论分布密度不对称时,Bootstrap 方法的精度。由于样本自助统计方法对误差密度函数的估计具有较高的精度,这里通过模拟仿真讨论参数估计均值、极差和方差随样本量变化。

从 $\sigma = 1$ 的瑞利分布中依次随机抽取 $n, n = 7, 8, \cdots, 20$ 个子样,分别产生 100000 个自助样本,采用非参数核密度估计方法得到样本中位数的密度函数,取密度函数极大值对应的值作为中位数估计值,每个样本重复进行 100 次,得到中位数估计的均值、极差和标准差如表 5.5 和图 5.3 所示,可以看出,中位数估计的均值在理论值附近波动,随子样变化并不明显,其极差和方差随子样增大逐渐减少,当子样大于 16 后,其极差和方差趋于稳定,因此采用 Bootstrap 方法获得密度分布时,试验子样以大于等于 16 发为宜。

表 5.5　Bootstrap 估计精度与子样关系

子样	7	8	9	10	11	12	13
均值	1.153	1.179	1.229	1.210	1.217	1.166	1.162
极差	1.884	1.487	1.585	1.412	1.294	1.163	1.091
标准差	0.362	0.244	0.309	0.243	0.271	0.231	0.231

子样	14	15	16	17	18	19	20
均值	1.179	1.190	1.174	1.144	1.212	1.200	1.186
极差	1.002	1.228	1.002	0.920	0.956	0.971	0.994
标准差	0.201	0.231	0.197	0.189	0.204	0.200	0.200
$\sigma = 1$ 时瑞利分布的中位数为 1.177							

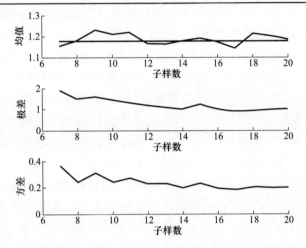

图 5.3　Bootstrap 估计精度与子样关系

5.2.2.4　多组数据的处理方法

武器系统密集度试验一般需要射击三组,由于随机因素的影响,每组试验的弹着点坐标均值并不相同,直接把多组数据合并为一组,可能将组与组之间产生的系统误差引入导致分布密度函数出现多峰现象,导致试验结果失真,因此需要对多组密集度试验数据进行适当处理。一般情况下,多组弹着点坐标满足方差相等的假设。在这一假设下,设武器系统的弹着点坐标为 X,且

$$X = \mu_X(1 + \varepsilon_X) \qquad (5.21)$$

式中:μ_X 为 X 的均值;ε_X 为均值为 0 的随机扰动量,其扰动程度是由武器系统本身的特性所决定的,并且与 μ_X 无关,同时它也反映了 X 的随机波动程度。

则 X 的均方差为

$$\sigma_X = \mu_X \sigma_{\varepsilon_X} \qquad (5.22)$$

σ_X 直接反映了武器系统密集度,由以上分析可知,对于同一武器系统其密集度是由 μ_X 和 σ_{ε_X} 共同决定的,而 σ_{ε_X} 决定了武器系统射弹落点的随机分布特性,且不随着 μ_X 的变化而变化。

136

对于 m 组密集度试验可以得到 m 组试验数据 $X_{ij}(i=1,2,\cdots,m;j=1,2,\cdots,n,n$ 为每组的试验数量),对其进行变换即

$$X'_{ij} = (X_{ij} - \mu_i)/\mu_i \tag{5.23}$$

则

$$\mu_{X'_i} = 0, \quad \sigma_{X'_i} = \sigma_{\varepsilon_X} \tag{5.24}$$

通过以上变换可以使 X'_{ij} 具有相同的均值和均方差,这样就得到一组关于随机变量 X' 的子样,可以得到融合多组试验信息的中间误差的表达式

$$E_X = \bar{\mu}_X \hat{m}(X'), \quad \bar{\mu}_X = \frac{1}{m}\sum_{i=1}^{m}\mu_{X_i} \tag{5.25}$$

5.3 分布密度估计方法

5.3.1 概述

概率密度函数是一种对点样本进行分析和建模的有效手段,点样本潜在的概率密度函数能够反映出点样本的分布特性。概率密度函数的估计按照估计过程中对参数的依赖不同,密度函数估计方法可以分为两类:参数化方法和非参数化方法。20 世纪以前,统计理论是以所研究总体样本的测量结果服从正态分布和从研究总体中大样本随机抽样为前提假设的。根据这种概率理论,可以在样本基础上估计总体参数的假设。这使得参数化的概率密度函数估计方法得到了广泛的应用。到了 20 世纪上半叶,小样本技术、更复杂的参数统计过程以及不需要对总体特征分布作假设的非参数统计方法迅速发展起来。

参数化密度函数(Parametric Probability Density Function)是在过去的研究中对观测点样本进行统计分析和建模最常用的一个重要工具,然而这要求参数估计方法必须具有一定的鲁棒性(Robustness),即容忍离群数据的能力。而所需鲁棒性的强弱,则取决于具体应用的要求。但在许多实际应用中,参数密度估计的鲁棒性却往往得不到必然保证。

另外,在参数概率密度函数估计方法中,我们总是假设概率密度函数的参数形式已知,并在此条件下来处理相关的点样本信息。对于许多实际的应用场合,上述假设条件是否成立还是一个疑问。非参数密度估计技术的提出和发展为上述问题提供了一条新的解决思路。非参数密度估计属于非参数统计学范畴,是近 20 年来现代统计学发展的一个重要方向,其改变了传统统计学的格局,对未知分布数据模型的处理以及不完全数据的处理等提供了一种新的统计方法。与点样本的参数密度估计方法不同,非参数密度估计方法不需要对点样本分布的

参数形式做事先的假设,而是仅从采样数据本身对概率密度函数做出估计,如图5.4所示。

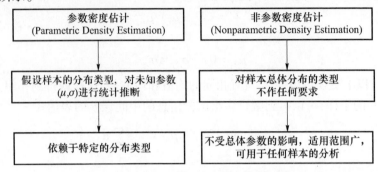

图5.4　与经典方法相比非参数方法的优势

与参数统计相比,非参数统计主要有以下几个方面的特点:

(1) 非参数密度的适用面广。它不仅可以用于定矩、定比尺寸的数据,进定量样本的分析研究;还可以用于定类、定序尺寸的数据的统计分析研究。而这些方面的研究是参数统计方法所不能及的。

(2) 使用样本的信息与参数统计方法不同。样本是统计推断的依据,统计方法优劣的依据很大程度上依赖于它是否"充分地"使用了样本中的信息,以此构造合理的模型。例如极大似然估计,它要求总体的概率密度的形式已知,所以,参数统计方法往往对设定的模型有更多的会对性,一旦模型改变,方法也随之改变。非参数方法则不然,由于非参数模型中对总体的限定很少,以致只能用很一般的方式去使用样本信息,如位置、次序关系之类。由于参数统计方法对数据有较强的假定条件,因而当数据满足这些条件时,参数统计方法能够从其中广泛地充分地提取有关信息。非参数统计方法对数据的限制较为宽松,因而只能从其中提取一般信息。

(3) 非参数统计具有鲁棒性(Robustness),当真实模型与假定的理论模型有不大偏离时,统计方法仍能维持较为良好的性质,至少不会变得很坏。参数统计法是建立在假设条件基础上,一旦假定条件不符合,其推断的正确性就会不存在。非参数统计方法由于都是带有最弱的假设,对模型的限制很少,故天然具有稳健性。但因为非参数统计方法需要照顾范围很广的分布,在某些情况下会导致其效率的降低。不过,近代理论证明了:一些重要的非参数统计方法,当与相应的参数方法比较时,即使在最有利于后者的情况下,效率上的损失也很小。

(4) 参数密度估计技术依赖于模型的选择和参数的估计,而非参数技术则避免了这两个步骤。非参数技术不需要对模型进行限定,这对于一些潜在的密

138

度无法与标准的参数形式相吻合的特定难题来说是具有优越性的。

非参数密度估计的方法有若干种,但最为常用的主要有直方图密度估计方法和核密度估计方法两种。

1) 直方图法

直方图密度估计是应用最早,且是应用最为广泛的密度估计方法,它是用一组样本构造概率密度的经典方法。在一维情况下,实轴被划分成一些大小相等的单元格,每个单元格上估计和图像为一个阶梯形,若从每一个端点向底边作垂线以构成矩形,则得到一些由直立的矩形排在一起而构成的直方图,直方图的名称也由此而来。

直方图密度估计定义为

$$\hat{f}(x) = \frac{k_i}{\sum_j^N k_i h} = \frac{k_i}{nh} \tag{5.26}$$

式中:k_i 为落入某个区间的样本的个数;n 为样本总数;h 为带宽。

2) 核密度估计法

直方图记录了在每个区间中点的个数或频率,使得图中的矩形条的高度随着数值个数的多少而变化。但是直方图很难给出较为精确的密度估计。与直方图密度估计方法相比,核密度估计精度高且连续,是目前比较完善的有效方法。核密度估计定义为

$$\hat{f}(x) = \frac{1}{nh^D} \sum_{i=1}^{n} K\left(\frac{x - x_i}{h}\right) \tag{5.27}$$

式中:K 为核函数(Kernel Function)(有时也被称为窗函数),它通常满足对称性、$\int K(x)\mathrm{d}x = 1$ 以及其他一些特性;h 为带宽。可以看出,核函数是一种权函数。该估计利用数据点 x 到 x_i 的距离 $(x - x_i)$ 来决定在 x_i 处估计点 x 的密度时所起的作用。

5.3.2 参数密度估计理论

概率密度函数(Probability Density Function, PDF)f 又被简称为密度函数或者密度。概率密度函数估计问题,就是要通过总体中抽得的观测数据,或者样本,去估计其概率密度函数。通常情况下估计的对象是未知的概率密度函数 f,但在实际操作中,概率密度估计也可以是固定已知的 x 值,要估计 f 在 x 点之值 $f(x)$,而这里的 $f(x)$ 为一实数。

概率密度可以通过参数(如一维高斯模型),或者非参数(如直方图或者核密度)的形式来描述。非参数密度估计方法的密度函数估计的形状主要依赖于

数据的结构。另外,由于非参数密度估计主要依赖数据本身的结构,因此能够表达任何的密度函数。

5.3.2.1 参数密度估计简介

如果事先已经知道参数的个数,并且能够把条件概率密度进行参数化,那么概率密度函数的估计问题就可以从估计完全未知的概率密度转化为估计已知数量的参数问题。给定一组点样本数据 X,参数密度估计方法首先假定样本分布概率密度函数为以 θ 作为参数的参数概率密度函数 $f(\cdot|\hat{\theta})$,而决定概率密度函数的参数 θ 的具体取值未知。参数方法的目的是寻找参数 θ 的最优估计 $\hat{\theta}$。在得到估计 $\hat{\theta}$ 后,通过评价 $f(\cdot|\hat{\theta})$ 获得整个密度函数的估计 $\hat{f}$。

参数的估计通常是通过寻找使得数据的似然,例如 $P_r(X|\hat{\theta})$。基本的假设前提为数据点 X 为从具有相同的随机变量且概率密度函数为 f 的样本中抽取并且相互独立的。例如,如果数据的分布服从均值向量为 $\boldsymbol{\mu}$,方差为 σ^2(多变量情况下为协方差矩阵)的正态分布 $N(\mu,\sigma)$。为了能够估计整个概率密度函数,需要寻找参数的最优估计 $\hat{\mu}$ 和 $\hat{\sigma}$ 的最大似然:

$$\hat{\mu} = \frac{1}{N}\sum_{x \in X} x, \sigma = \frac{1}{N}\sum_{x \in X}(x - \hat{\mu})^2 \tag{5.28}$$

这里,参数的最大似然估计为样本均值和样本方差。

使用参数化方法来为密度建模的一个主要的优势就是它通过较少的参数以精确的方式描述了样本的分布,这种以精确的参数形式表达样本数据密集程度的特点使得参数法应用于许多应用领域。密度的参数表达为密度的计算提供了非常有效的解决途径。

参数密度估计依赖于模型的定义,密度潜在的分布形式被假设为是已知的。这就需要关于潜在过程的一定先验知识。但在许多实际的问题中,密度的潜在分布形式是未知的,因此通常所使用的密度模型无法符合实际的密度分布。如果采用的密度模型是不正确的,则即使是在样本数量趋于无限多情况下估计出来的密度也是具有偏差的。换句话说,估计的模型将不能最终渐近收敛于真实的样本分布。这是参数密度估计存在的最大缺陷。

参数密度估计方法存在的另一个缺点是参数估计的步骤不是最优的。对于一般的密度形式,参数的最大似然估计包含一个最优化的步骤,而这个步骤的过程较慢并且有可能收敛到局部最小。以向一组数据赋予混合高斯模型为例,通常情况下期望值最大(Expectation Maximization, EM)方法被用于估计高斯混合模型的参数。

5.3.2.2 非参数密度估计理论

非参数密度估计属于数据数理统计学的一个分支——非参数统计学的范

畴,形成于20世纪40年代,具备很强的实用价值。非参数密度估计能够处理任意的密度分布,而无需对点样本分布的形式做出假设,仅以数据点作为概率函数f估计的依据。该方法为未知分布的数据模型的处理以及不完全数据的处理等提供了一种新的解决思路。

1)密度估计量的基本性质

通常来说,密度估计量一般具备以下两个基本性质。

(1)无偏性。

如果$X_1,X_2,\cdots,X_n$是独立且同分布的p维随机变量,且具有连续的密度$p(x)$:

$$p(x) \geqslant 0 \int_{\Re^p} p(x)\,\mathrm{d}x \tag{5.29}$$

如果估计量$\hat{p}(x)$满足式(5.29),那么它不是无偏的。这就是说,如果通过加条件使估计量自身成为满足式(5.29)的密度函数,那么它是有偏的:$E[\hat{p}(x)] \neq p(x)$。

其中,$E[\hat{p}(x)] = \int \hat{p}(x|x_1\cdots x_n)p(x_1)\cdots p(x_n)\mathrm{d}x_1\cdots \mathrm{d}x_n$是所有随机变量$X_1,X_2,\cdots,X_n$上的期望。尽管可以导出渐近无偏的估计量,当$n\rightarrow\infty$,$E(\hat{p}(x))\rightarrow p(x)$,但在实际应用中却往往受到样本数量的限制。

(2)一致性。

也可用均值平方误差(Mean Squared Error,MSE)来度量实际密度及其估计之间的误差,定义为

$$\mathrm{MSE}_x(\hat{p}) = E[(\hat{p}(x) - p(x))^2] \tag{5.30}$$

其中下标x表示MSE是x的函数。式(5.30)也可写成

$$\mathrm{MSE}_x(\hat{p}) = \mathrm{var}(\hat{p}(x)) + \{\mathrm{bias}[\hat{p}(x)]\}^2 \tag{5.31}$$

如果对所有的$x \in \Re^p$,MSE$\rightarrow 0$,那么$\hat{p}$是p在平方均值内的点态一致性估计。全局的精确性度量由积分平方误差(Integrated Squared Error,ISE):

$$\mathrm{ISE} = \int[\hat{p}(x) - p(x)]^2\mathrm{d}x \tag{5.32}$$

和均值积分平方误差(Mean Integrated Squared Error,MISE):

$$\mathrm{MISE} = E\left[\int(\hat{p}(x) - p(x))^2\mathrm{d}x\right] \tag{5.33}$$

给出,其中MISE表示在所有可能数据集上的误差均值。由于期望和积分的顺序可交换,MISE等价于MSE的积分,即积分平方偏差与积分方差之和。

2）非参数密度估计通用表达式

很多估计未知概率密度函数的核心思想都是非常简单的,所依据的一个基本事实是:一个向量 $\boldsymbol{x}$ 落在区域 $\Re$ 中的概率为 $P = \int_{\Re} p(x') \mathrm{d}x'$。

因此,P 是概率密度函数 $p(x)$ 平滑了的(或者取了平均的)版本。因此,可以通过估计概率 P 来估计概率密度函数 p。假设 n 个样本 $x_1, x_2, \cdots, x_n$ 都是根据概率密度函数 $p(x)$ 独立同分布的抽取而得到的。显然,n 个样本可有 k 个样本落在区域 $\Re$ 中的概率服从二项分布:

$$P_k = \left(\frac{n}{k} \right) P^k (1 - P)^{n-k} \tag{5.34}$$

并且可以得到 k/n 的均值和方差为

$$E\left[\frac{k}{n} \right] = P, \quad \mathrm{Var}\left[\frac{k}{n} \right] = E\left[\left(\frac{k}{n} - P \right)^2 \right] = \frac{P(1-P)}{n} \tag{5.35}$$

因此,当样本个数 n 趋于无限大时分布变得陡峭(方差变小),从样本落入区域 $\Re$ 中的比例可以得到概率 P 的一个很好的估计:$P \simeq \frac{k}{n}$。换句话说,如果假设区域 $\Re$ 足够小,以至概率密度函数 $p(x)$ 在该区域内无明显变化,那么就可以得到

$$\int_{\Re} p(x') \mathrm{d}x' \simeq p(x) V \tag{5.36}$$

式中:V 为区域 $\Re$ 的体积。

根据以上分析可以得到

$$\left. \begin{array}{c} P = \int_{\Re} p(x') \mathrm{d}x' \simeq p(x) V \\ p(x) \simeq \frac{k}{n} \end{array} \right\} \Rightarrow p(x) \simeq \frac{k}{nV} \tag{5.37}$$

当样本数量不断增加,体积 V 不断收缩时该估计会变得更加精确。

综上所述,可以得出非参数密度估计的通用表达式如下:

$$p(x) \simeq \frac{k}{nV} \tag{5.38}$$

式中:V 为包含样本 x 的体积;n 为样本总量;k 为落入 V 中的样本数量。

3）直方密度估计

(1)直方密度估计的定义。

直方密度估计是应用最早也是应用最为广泛的密度估计方法,它是用一组样本构成概率密度的经典方法。在一维情况下,实轴被划分成一些大小相等的

142

单元格,每个单元格上估计的图像为一个阶梯形,若从每一个端点向底边作垂线以构成矩形,则得到一些由直立的矩形排在一起而构成的直方图,直方图的名称也由此而来,如图 5.5 所示。

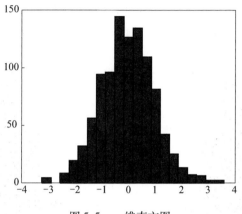

图 5.5　一维直方图

给定参考原点 x_0 和带宽 h,这里的带宽定义为 $x_0 + mh$ 与 $x_0 + (m+1)h$ 之间的距离 $[x_0 + mh, x_0 + (m+1)h]$(m 为正或者负的整数)。为明确起见,间距 $[x_0 + mh, x_0 + (m+1)h]$ 定义为一个左开右闭的区间。用 k_i 表示汇入某个单元格中事件的数量,并且将所有的样本点以 $j = 1, 2, \cdots, n$ 进行排序,并引入 $u_i(j)$ 表示第 j 个样本在第 $i(i = 1, 2, \cdots, n)$ 个单元格中的观测值,记为

$$u_i(j) = \left\{ \begin{array}{ll} 0 & \text{第 } j \text{ 个样本未落入第 } i \text{ 个单元格中} \\ 1 & \text{第 } j \text{ 个样本落入第 } i \text{ 个单元格中} \end{array} \right\} \quad (5.39)$$

显然 $u_i(j)$ 关于 j 的和等于 k_i: $k_i = \sum_{j=1}^{n} u_i(j)$。

任取这些单元格之一,计为 I,对 $x \in I$,$f(x)$ 直方图概率密度估计的数学表达式为

$$\hat{f}(x) = \frac{k_i}{\sum_{j}^{N} k_i h} = \frac{k_i}{nh} \quad (5.40)$$

存在 $\sum_i k_i = n$,并且 k_i 为均值为 $p_i = \int_{i}^{i+1} f(x)\,dx$ 的二项随机变量,因此有 $E_{k_i} = np_k$ 以及 $V_{arv_i} = np_k(1 - p_k)$。直方图的点方差为 $Np_k(1 - p_k)/(nh)^2$,该值对于第 i 个单元格的所有变量 x 都是不变的。

(2)影响直方图密度估计的因素。

能够对直方图密度估计产生影响的因素主要有以下两个方面:

① 原点的选择。对于数据表达和数据挖掘来讲,直方图密度估计自然是一

143

类非常有用的密度估计方法,在单变量情况下尤其适用。然而,即便是在一维情况下,原点的选择也会在一定程度上影响密度估计。

图5.6显示了对一组相同的样本数据进行密度估计,在带宽相等原点不同的情况下所建立的两个直方图。虽然选择的带宽相等,但是从图中可以看出,两个直方图右边峰值的宽度以及每个直方图中两个峰值之间的分隔形式是不同的。

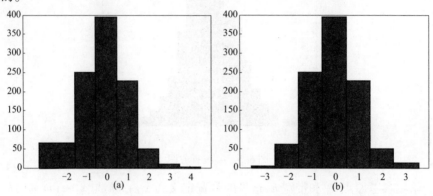

图5.6 样本数据相同而原点不同时的直方图

② 带宽的选择。通过直方图来估计密度函数时,带宽尺寸的选择将会极大地影响密度估计的质量。一方面,带宽太大时,平均化的作用突出了,而淹没了密度的细节部分,使得潜在密度函数的细节部分将不能被充分地体现;而另一方面,当带宽太小时,则随机性影响太大,而产生极不规则的形状,直方图的变化将过于剧烈,以至无法对直方图进行正确地识别。h 的选择无现成规则可寻,一般只能说,应选择一个适当的 h 以平衡上述两种影响。总的来说,当样本大小 n 较大时,h 可取得小一些。

直方图会依据带宽的选择而发生改变,通常情况下通过减小带宽的尺寸可以提高直方图密度估计的精度。如图5.7中,图5.7(b)的直方图密度估计由于选择了较小的带宽因此比图5.7(a)的估计精度要高,对样本分布的描述更加精确。但是对于固定数量的观测样本来说,减小带宽的尺寸将最终导致大量的单元格中没有观测样本的存在。目前,最佳平滑带宽的选择仍然是一件有难度的工作。

(3) 直方图密度估计的优缺点:

① 直方图密度估计在高维空间很少有实效。一维空间的单元格数为 N,二维空间为 N^2(假定每个变量被划分成 N 个单元格);那么数据样本 $x \in \Re^p$(p 维向量 x),则共有 N^p 个单元格。这种单元格数的指数增长意味着在高维空间估计密度需要大量的数据。例如,六维数据的样本,每个变量被划分为 10 个单元

144

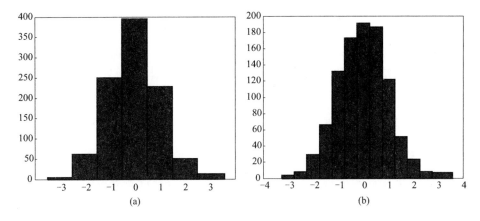

图 5.7　样本数据相同而带宽不同时的直方图

格,就会得到 1000000 个单元格,为避免在大范围内估计值为 0,就需要大量的观测值。

② 直方图密度估计的结果是不连续的,即在区域的边界处密度估计值会突降为 0,使得对每一个区间中心部分密度估计较准,而边缘部分较差,从统计学角度看效率较低。

③ 直方图在双变量或者三变量数据的图形化表达方面存在很大的困难。例如,不能容易地画出轮廓图来表达数据,难点在于在单变量情况下密度的估计不仅依赖于原点而且还依赖于网格单元坐标轴的方向。

4）核密度估计

（1）核密度估计的定义。

核密度估计（Kernel Density Estimationl, KDE）也称为 Parzen 窗估计,是 20 世纪五六十年代提出并发展起来的一种密度估计方法。

给定一组真实的概率密度函数为 $p(x)$ 的样本 $S = \{x_i\}_{i=1,2,\cdots,N}$,假设区域 $\Re$ 为以估计点 x 为中心边长为 h 并且包含了 k 个样本点的 D 维超立方体。为了得到落入该区域中的样本数量,定义核函数 $K(u)$ 为

$$K(u) = \begin{cases} 1 & |u_j| < 1/2 \quad j=1,2,\cdots,D \\ 0 & \text{其他} \end{cases} \tag{5.41}$$

则落入超立方体中总的样本数量为 $k = \displaystyle\sum_{i=1}^{n} K\left(\frac{x - x_i}{h}\right)$,当且仅当 $K((x - x_i)/h)$ 落入以 x 为中心且边长为 h 的超立方体中时才等于 1。

根据非参数密度估计的通用表达式,可以得到核密度估计表达式如下:

$$\hat{p}(x) \frac{1}{nh^D} \sum_{i=1}^{n} K\left(\frac{x - x_i}{h}\right) \tag{5.42}$$

式中:x 通常也被称为测试样本(Test Sample)。但是以上给出的核密度估计存在两个方面的缺点:①密度估计不连续;②在所有的样本点 x_i 处权值相等,而忽略了其到测试样本点 x 的距离。为克服第一个缺点,规定的核函数为满足 $\int_{\Re^d} K(x)\,\mathrm{d}x = 1$ 条件下的平滑非负核函数,这保证了核密度估计的连续性。而对于第二个缺点,可以通过为每个样本点 x_i 赋予权值 a_i 来解决。a_i 的取值根据 x_i 到估计点 x 的距离来决定,并且满足 $\sum_i a_i = 1$。(注:在许多表达中有 $K_h(x) = \frac{1}{h} K\left(\frac{t}{h}\right)$。)

另外在通常情况下,核函数还满足以下几个特性。对称性:$\int_{\Re^d} xK(x)\,\mathrm{d}x = 0$;指数加权衰减特征:$\lim_{x \to \infty} \| x \|^d K|x| = 0$;以及单位协方差:$\int_{\Re^d} xx^{\mathrm{T}} K(x)\,\mathrm{d}x = cI$($c$ 为常数)。这些特性使得核函数在通常情况下是对称和单峰的,并且在离中心位置较远时迅速降为 0。而若核函数是均匀分布的,则最终的概率密度估计为落入某个窗体内样本点数量占所有样本点数量的比例。表 5.6 和图 5.8 分别列出了部分一维核函数的表达式及其函数曲线。

表 5.6 常用的一维核函数表达式

Kernel	Equation
Uniform	$U(-1,1)$
Triangle	$(1 - |t|)$
Epanechinikov	$\frac{3}{4}(1 - t^2)$
Biweight	$\frac{15}{16}(1 - t^2)^2$
Gaussian	$N(0,1)$
Cosine arch	$\frac{\pi}{4}\cos\frac{\pi}{2}t$
Double Exponential	$\frac{1}{2}e^{-t}$
Double Epanechnikov	$3|t|(1 - |t|)$

146

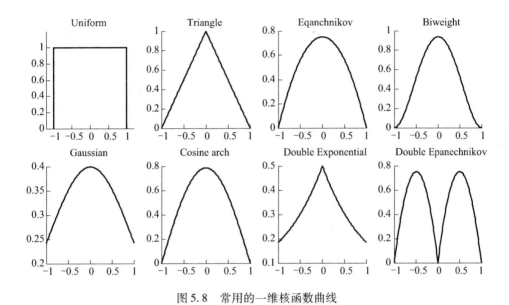

图 5.8 常用的一维核函数曲线

核密度估计可以看作是在对以每个观测样本点为中心的窗体进行总体和得到的,而平滑的核估计则为在观测点放置的平滑"凸起"的总和。核函数的选择决定了凸起的形状,而参数 h 也被称为平滑参数或者带宽,它决定了每个凸起的宽度。换言之,由于核函数是对称的,那我们还可以认为某个观测点处的核估计是将核函数在以每个估计点为中心的作用进行平均并且在估计处求值得到的,也即核密度估计计算在估计点周围一个窗体范围内样本点的加权局部平均。

(2)影响核密度估计的因素。

核密度估计既与样本有关,又与核函数及窗宽的选择有关。在给定样本以后,一个核估计的好坏,取决于核函数及窗宽的选取是否得当。核函数和窗宽的选择会在不同程度上对密度函数的估计精度产生影响,因而引起了许多学者的关注和讨论。

① 核函数对密度估计精度的影响。核函数性能如何通常是通过 AMISE(渐近均方差)来度量的,通常来说 Epanechnikov 核函数能够使得 AMISE 最小,因此是最优的。部分常用核函数的性能指标如表 5.7 所列(以 Epanechnikov 核函数为基准 1)。

一般核函数属于对称的密度函数族 P 族中不同核函数对减小积分均方误差没有明显差别,因此一般可根据其他需要(如计算方便)选择合适的核函数。

147

表 5.7　部分常用核函数性能指标

Kernel	Efficiency
Epanechinikov	1.000
Biweight	0.994
Triangle	0.986
Gaussian	0.951
Uniform	0.930

从理论上来说,不一定要求核函数为密度函数,但是从实用上要求核函数 $K(\cdot)$ 为密度函数是合适的。因为待估计的函数 $f(x)$ 也是密度函数,所以估计量最好是密度函数,原则上来说任何概率密度函数都可以作为核函数。为方便起见,核函数 K 可以以为一个放射对称的单模概率密度函数,常用的是多变量高斯密度函数,其函数表达式如下:

$$K(x) = \frac{1}{(2\pi)^{D/2}} \exp\left(-\frac{1}{2} x^{\mathrm{T}} x\right) \tag{5.43}$$

另外需要指出的是虽然高斯核通常被用于核密度估计中,但是选择高斯函数作为核函数与样本分布为高斯模型(或者混合高斯模型)是不同的。这里,高斯函数只是用来为样本点赋权值的局部函数。局部函数混合的结果不是最大似然混合模型。与混合高斯模型的参数估计不同,核密度估计是一种不需要为密度函数假设任意形状的通用方法。

为验证核函数对密度估计的影响,用计算机随机生成 500 个服从正态分布的随机数,分别以不同的核函数作为密度估计量。为了便于比较,取同样的窗宽 $h = 0.15$,分别采用 Triangle、Uniform 以及 Epanechinikov 核函数对其进行核密度估计并作其图形,考察不同的核函数对理论数正太密度函数的拟合情况。图 5.9 中为得到的最终曲线,圆形标记的实线是核函数为 Uniform 的密度估计,方形标记实线是核函数为 Epanechinikov 的密度估计,五角星标记实线是核函数为 Triangle 的密度估计。从结果可以看出,不同的核函数对密度估计的结果影响不大,最终估计的密度曲线基本相同。

② 带宽对密度估计精度的影响。核密度估计一个重要的难题是合理核带宽的选择。首先求取概率估计 $p(x)$ 的期望:

$$\begin{aligned}
E[p_{\mathrm{KDE}}(x)] &= \frac{1}{nh^D} \sum_{i=1}^{n} E\left[K\left(\frac{x - x_i}{h}\right)\right] = \frac{1}{h^D} E\left[K\left(\frac{x - x_i}{h}\right)\right] \\
&= \frac{1}{h^D} \int K\left(\frac{x - x_i}{h}\right) p(x') \, \mathrm{d}x'
\end{aligned} \tag{5.44}$$

这里假设向量 x_i 是从真实的密度 $p(x)$ 中独立抽取出来的。可以看出,估

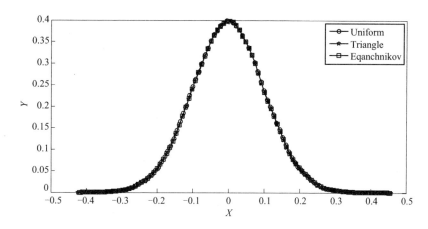

图 5.9 利用不同核函数得到的核密度估计结果

计密度 $p_{\mathrm{KDE}}(x)$ 的期望为真实的密度 $p(x)$ 与核函数的卷积。核函数的带宽 h 起到了平滑参数的作用,平滑函数越宽则估计密度 $p_{\mathrm{KDE}}(x)$ 越平滑。当 $h{\rightarrow}0$ 时,核函数接近 delta 函数,并且 $p_{\mathrm{KDE}}(x)$ 接近真实的密度。但是在实际应用中由于样本的数量有限,因此 h 不能取任意极小的值。

使用过小的带宽会导致密度估计过于尖锐造成难以对数据做出合理的解释;使用过大的带宽则会导致密度估计过于平滑以致掩盖了数据的真实结构,另外带宽过大还不能保证无偏估计。因此,带宽的选择在很大程度上影响了密度估计的精度。

图 5.10 显示了对一组符合高斯模型的数据进行核密度估计,在核函数同样选择高斯核函数,而带宽分别取为 0.15、0.30、0.45 的情况下得到的密度估计结果。各图形标记实线表示不同带宽下得到的估计结果,从结果图中可以看出,在不同的带宽大小下得到的密度估计结果差别较大,而带宽取 0.30 时得到的结果与真实结果基本一致。

最佳带宽的选择应依赖于样本的数量,并且带宽的大小与样本多少成反比。因此,对于小样本来说应该使用宽核,对于大样本则应该使用窄核。随着样本数量趋于无限大,核函数应该为 delta 函数并且带宽趋于 0。

对于点样本估计,估计密度 $\hat{f}$ 与真实密度 f 之间的经典的相似性度量为均方误差(MSE),它等于方差和平方偏差的和:

$$\mathrm{MSE} = E[\hat{f}(x) - f(x)]^2 = \mathrm{Var}(\hat{f}(x)) + \mathrm{Bias}(\hat{f}(x))^2 \qquad (5.45)$$

根据泰勒定理,偏差和方差能够被近似,并且可以观察到偏差与方差的权衡关系。偏差与 h^2 成比例,这意味着小的带宽能够给出一个小的偏差估计。另外,小的带宽 h 意味着与 $n^{-1}h^{-1}$ 成比例的方差的增大。因此,对于固定带宽估

149

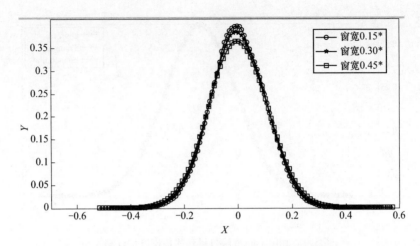

图 5.10 利用不同带宽得到的核密度估计结果

计,应该选择对于所有样本 x 能够获得偏差和方差之间最佳折中的带宽 h。

理论上来说,通过最小化平均积分平方误差(MISE)能够获得带宽 h 以及核函数的最佳选择:

$$\mathrm{MISE} = E\left\{\int [\hat{p}(x) - p(x)]^2 \mathrm{d}x\right\} = \int E[\hat{p}(x) - p(x)]^2 \mathrm{d}x \quad (5.46)$$

然而,使得上述等式成立的带宽的实际应用价值很小,因为这一最优化需要已知通常情况下无法知道的关于真实密度 $p(x)$ 的先验知识。可以以标准分布(如 Normal 分布)作为参考分布来实现该最优化。对于采用高斯核的 Normal 密度来说,h^{opt} 可通过如下公式计算:

$$h_j^{\mathrm{opt}} = \left(\frac{4}{2d+1}\right)^{1/d+1} \sigma_j n^{-1/d+1} \quad (5.47)$$

因此,在一维情况下有

$$h^{\mathrm{opt}} = \left(\frac{4}{3}\right)^{1/5} \sigma n^{1/5} \approx 1.06\,\hat{\sigma} n^{1/5} \quad (5.48)$$

③ 核密度估计的渐近收敛特性。核密度估计具备一个重要的性质:若样本数量足够,核密度估计能够渐近地收敛于任意的密度函数。该性质保证了核密度估计可以对任意分布的数据进行密度估计。

假设 $S = \{x_i\}_{i=1,2,\cdots,N}$ 为从密度函数为 $f(x)$ 的随机变量 X 中抽取的互不相关的样本,则其核密度估计 $\hat{f}(x)$ 为

$$\hat{f}(x) = \frac{1}{N}\sum_{x_i \in S} K_h(x - x_i) = E_S[K_h(x - X)] \quad (5.49)$$

在此用 $K_h(x - x_i)$ 表示带宽为 h 的核函数。由大数定理可知该估计收敛于期

150

望值：

$$\lim_{N \to \infty} \hat{f}(x) = E[K_h(x - X)] = \int_{-\infty}^{\infty} K_h(x - t) f(t) \, \mathrm{d}t = (K_h \cdot f)(x)$$

(5.50)

这也就是表示该估计渐近收敛于核函数与真实密度的卷积。因此，当且仅当 $f(x) = (K_h \cdot f)(x)$ 时估计的 $\hat{f}(x)$ 渐近收敛于真实密度 $f(x)$。例如，当样本数量接近无限多时核函数逼近 delta 函数此时等式成立。如果该条件成立则估计 $\hat{f}(x)$ 为密度 $f(x)$ 的无偏估计。

另外在通常情况下，若给定核函数 $K(u)$，只要下列条件满足，则一定能够保证核密度估计均值和方差的收敛性。

（a）$K(u) \geqslant 0$；

（b）$\int K(u) \, \mathrm{d}u = 1$；

（c）$\sup_u K(u) < \infty$；

（d）$\lim_{u \to \infty} K(u) \prod_{i=1}^{D} u_i = 0$；

（e）$\lim_{n \to \infty} V_n = 0$；

（f）$\lim_{n \to \infty} n V_n = \infty$。

④ 其他密度估计方法。

（a）K 近邻法。除核密度估计以外，最近邻估计方法也是常用的一种密度估计方法。该方法由 Loftsfarden 和 Quesenberry 于 1965 年提出，比较适合于密度的局部估计。

K 近邻法是一种简单的密度估计方法。点 x' 落入以点 x 为中心的体积为 V 的区域内的概率为

$$\theta = \int_{V(x)} p(x) \, \mathrm{d}x$$

(5.51)

其中，积分在体积为 V 的区域上进行。当体积较小时有 $\theta \sim p(x) V$。

概率 θ 可用落入 V 内的样本比例来近似。如果 k 是 n 个样本中落入 V 内的样本数（k 是 x 的函数），那么 $\theta \sim \dfrac{k}{n}$。

综合以上可以得到密度的近似：

$$\hat{p}(x) = \frac{k}{nV}$$

(5.52)

K 近邻法就是要确定概率 k/n（或等价于给定样本数量 n，确定 k 值），并测

定以 x 为中心,包含 k 个样本的体积 V。例如,如果 x_k 是点 x 的第 k 个近邻,那么 V 就可以是以 x 为中心,$\| x - x_k \|$ 为半径的球,n 维空间中,半径为 r 的球体的体积为 $2r^n \pi^{n/2} / n \Gamma(n/2)$。概率对体积的比为密度估计,这和确定单元格大小并测定其内点数的基本直方图法形成对照。

(b) 用基函数展开法。Cencov 首先提出了以基于函数的正交展开进行密度的估计。其基本方法是用正交基函数的加权来近似密度函数 $p(x)$。假定密度可以展开成:

$$p(x) = \sum_{i=1}^{\infty} a_i \phi_i(x) \tag{5.53}$$

其中 $\{\phi_i\}$ 形成函数的完全正交集,$\{\phi_i\}$ 对核函数或权重函数 $k(x)$ 满足:

$$\int k(x) \phi_i(x) \phi_j(x) \, dx = \lambda_i \delta_{ij} \tag{5.54}$$

如果 $i = j$,则 $\delta_{ij} = 1$,否则 $\delta_{ij} = 0$。因此式 (5.54) 乘以 $k(x) \phi_i(x)$ 并积分得到

$$\lambda_i a_i = \int k(x) p(x) \phi_i(x) \, dx \tag{5.55}$$

给定一组 $p(x)$ 的独立且同分布样本 $\{x_1, x_2, \cdots, x_n\}$,$a_i$ 的无偏估计为

$$\lambda_i \hat{a}_i = \frac{1}{n} \sum_{j=1}^{n} k(x_j) \phi_i(x_j) \tag{5.56}$$

则 $p(x)$ 的基于样本 $\{x_1, x_2, \cdots, x_n\}$ 的正交级数估计量为

$$\hat{p}_n(x) = \sum_{i=1}^{n} \frac{1}{n \lambda_i} \sum_{j=1}^{n} k(x_j) \phi_i(x_j) \phi_i(x) \tag{5.57}$$

式中: s 为保留在展开式中的项数。

5.4　中间误差评估方法

5.4.1　多组数据融合

对于 m 组密集度试验可以得到 m 组试验数据 $X_{ij}(i = 1, 2, \cdots, m; j = 1, 2, \cdots, t, t$ 为每组的试验数量),对其进行变换即

$$X'_{ij} = (X_{ij} - \mu_i) / \mu_i \tag{5.58}$$

记合并后的样本为 $X = (X_1, X_2, \cdots, X_n)$。

5.4.2　自助样本产生及中间误差计算

对于 $X_i, i = 1, 2, \cdots, n$,记 $T_n = \frac{n}{n-1} S^2 - \sigma^2$,其中 σ^2 为 X 的未知方差,而

$$S^2 = \frac{1}{n} \sum_{i=1}^{n} (X_i - \overline{X})^2 \text{。}$$

因此 T_n 表示方差估计的误差,对于 T_n 有随机加权统计量

$$D_n = \frac{n}{n-1} \sum_{i=1}^{n} V_i (X_i - \overline{X})^2 - \frac{n}{n-1} S^2 \qquad (5.59)$$

$(V_1, V_2, \cdots, V_n)$ 是参数为 $(1,1,\cdots,1)$ 的 Dirichlet 随机向量,关于 D_n 有如下的统计特性:

$$E(D_n) = \frac{n}{n-1} \Big[\sum_{i=1}^{n} E V_i E (X_i - \overline{X})^2 - E S^2 \Big] = \frac{n}{n-1} [E S^2 - E S^2] = 0$$

$$(5.60)$$

而 $E(T_n) = \frac{n}{n-1} E S^2 - \sigma^2 = 0$,因此 $E(T_n) = E(D_n)$,也就是说从均值的观点,可以用 D_n 代替 T_n,这样可以计算出 N 组随机加权子样 $D_n(i)$,$i = 1, 2, \cdots, N$。

$$D_n(i) = \frac{n}{n-1} \sum_{j=1}^{n} V_{ij} (X_j - \overline{X})^2 - \frac{n}{n-1} S^2 \qquad (5.61)$$

于是 $\sigma^2(i)$ 可表示为

$$\sigma^2(i) = \frac{n}{n-1} S^2 - T_n(i) \approx \frac{n}{n-1} S^2 - D_n(i)$$

$$= \frac{n}{n-1} S^2 - \Big[\frac{n}{n-1} \sum_{j=1}^{n} V_{ij} (X_j - \overline{X})^2 - \frac{n}{n-1} S^2 \Big]$$

$$= \frac{2n}{n-1} S^2 - \frac{n}{n-1} \sum_{j=1}^{n} V_{ij} (X_j - \overline{X})^2 \qquad (5.62)$$

相应地在落点散布服从正态分布情况下,中间误差 $E_X(i)$ 可表示为

$$E_X(i) = 0.6745 \sigma(i) = 0.6745 \sqrt{\frac{2n}{n-1} S^2 - \frac{n}{n-1} \sum_{j=1}^{n} V_{ij} (X_j - \overline{X})^2}$$

$$(5.63)$$

5.4.3 中间误差分布密度的核估计方法

在获得中间误差 $E_X(i)$ 后,可以直接获得中间误差的估计,但不能直观的反映其分布特性。可采用核密度估计方法获得中间误差的分布密度函数。

$$f_n(x) = \frac{1}{n h_n} \sum_{i=1}^{n} K \Big(\frac{x - X_i}{h_n} \Big) \qquad (5.64)$$

为 $f(x)$ 的一个核密度估计,其中 $K(\cdot)$ 为一已知核函数,满足

153

$$\begin{cases} \sup_{-\infty < u < +\infty} |K(u)| < +\infty, K(u) = K(-u) \\ \int_{-\infty}^{+\infty} K(u) \, \mathrm{d}u < +\infty \\ \lim_{|u| \to \infty} |uK(u)| = 0 \end{cases} \tag{5.65}$$

式中:h_n 为窗宽或光滑函数。Parzen 给出了估计 $f_n(x)$ 具有渐进相容性和渐进正态性。

由于密度函数对窗宽很敏感,在以式(5.65)进行计算后,要根据所形成曲线的与直方图的趋势符合程度进行适当调整,以获得合适的分布密度。

5.4.4 中间误差的估计

1)点估计

当获得中间误差的分布 $f(x)$ 后,作为中间误差 x 的估计可选用后某个位置特征量,如中位数或期望等。

定义 5.3:使中间误差分布 $f(x)$ 达到最大的值 $\hat{x}_{MD}$ 称为中间误差最大密度估计;中间误差分布的中位数 $\hat{x}_{Me}$ 称为中间误差中位数估计;分布密度的期望值 $\hat{x}_e$ 称为中间误差期望估计。

设 $\hat{x}$ 是 x 的一个估计。在样本给定后,$\hat{x}$ 是一个数,评定一个估计的误差的最好而又最简单的方式是用 $x\theta$ 对 $\hat{x}$ 的均方差或其平方根来度量。

定义 5.4:设参数 x 的分布密度 $f(x)$,估计为 $\hat{x}$,则 $(x-\hat{x})^2$ 的后验期望

$$\mathrm{MSE}(\hat{x}) = E(x-\hat{x})^2 \tag{5.66}$$

称为 $\hat{x}$ 的期望方差,而称其平方根 $[\mathrm{MSE}(\hat{x})]^{1/2}$ 称为 $\hat{x}$ 的期望标准差。当 $\hat{x}$ 为 x 的期望时,则

$$\mathrm{MSE}(\hat{x}) = E(x-x)^2 = \mathrm{Var}(\hat{x}) \tag{5.67}$$

称为方差,其平方根 $[\mathrm{Var}(x)]^{1/2}$ 称为标准差。标准差与方差有如下关系:

$$\mathrm{MSE}(\hat{x}) = E(x-\hat{x})^2 = E(x-\hat{x}_E+\hat{x}_E-\hat{x})^2$$
$$= \mathrm{Var}(x) + (\hat{x}_E-\hat{x})^2 \tag{5.68}$$

这表明,当 $\hat{x}$ 为 $\hat{x}_e = E(x)$ 时,可使均方差达到最小,因此,作为靶场试验参数的估计,采用均值作为 x 的点估计值是比较合理的。

2)区间估计

当参数 x 的分布 $f(x)$ 获得后,可以计算 x 落在某区间内的概率为

$$P(a \leqslant \theta \leqslant b) = 1 - \alpha \tag{5.69}$$

若给定概率 $1-\alpha$,要寻找一个区间,使式(5.69)成立,这样的区间就是 x 的

区间估计,又称可信区间。

定义 5.5:设参数 x 的分布密度为 $f(x)$,若存在这样的两个统计量 $\hat{x}_L$、$\hat{x}_U$,使得

$$P(\hat{x}_L \leqslant \theta \leqslant \hat{x}_U) = 1 - \alpha$$

则称区间 $[\hat{x}_L, \hat{x}_U]$ 为参数 x 的可信水平 $1-\alpha$ 为可信区间,或简称为 x 的 $1-\alpha$ 可信区间,而满足

$$P(x \geqslant \hat{x}_L) = 1 - \alpha$$

的 $\hat{x}_L$ 称为 x 的 $1-\alpha$(单侧)可信下限。满足

$$P(x \geqslant \hat{x}_U) = 1 - \alpha$$

的 $\hat{x}_U$ 称为 x 的 $1-\alpha$(单侧)可信上限。

定义 5.6:设参数 x 的分布为 $f(x)$,对给定的概率 $1-\alpha$,若在直线上存在这样一个子集 C,满足下列两个条件:

(1) $P(C|x) = 1 - \alpha$;

(2) 对任给 $x_1 \in C$ 和 $x_2 \notin C$,总有 $f(x_1) \geqslant f(x_2)$,则称 C 为 θ 的可信水平为 $1-\alpha$ 的最大密度可信集,简称 $1-\alpha$HPD 可信集。如果 C 为一个区间,则又称为 $1-\alpha$HPD 可信区间。

当分布密度为单峰和对称时,寻求 $1-\alpha$HPD 可信区间较为容易,它就是等尾可信区间。当分布密度虽为单峰,但不对称时,寻求 HPD 可信区间可以通过计算机采用逐渐逼近的方法。

(1) 对给定的 k,建立子程序,解方程

$$f(x) = k$$

得解 $x_1(k)$ 和 $x_2(k)$,从而组成一个区间

$$C(k) = [x_1(k), x_2(k)] = \{x: f(x) \geqslant k\} \tag{5.70}$$

(2) 建立第二个子程序,用来计算概率

$$P(x \in C(k)) = \int_{C(k)} f(x)\,\mathrm{d}x \tag{5.71}$$

(3) 对给定的 k,若 $P(x \in C(k)) \approx 1-\alpha$,则 $C(k)$ 即为所求的 HPD 可信区间;若 $P(x \in C(k)) > 1-\alpha$,则增大 k,重新计算;若 $P(x \in C(k)) < 1-\alpha$,则减小 k,重新计算。

5.4.5 应用实例

表 5.8 为某武器弹药的密集度试验数据,分析步骤如下:①用式(5.23)对多组试验数据进行变换;②对变换数据进行随机加权取样,获得中间误差的随机

155

加权样本,根据需要一般取样次数应大于 5000 次;③采用核密度方法选择合适的核函数和窗宽,计算中间误差的核密度函数;④根据核密度函数对中间误差进行统计推断。

表 5.8　某武器弹药的密集度试验数据

序号	第一组		第二组		第三组	
	Y	Z	Y	Z	Y	Z
1	1773	29.8	1819.3	10.2	1771.8	16.1
2	1765.9	30.7	1829.5	-10.4	1779.2	14.8
3	1747.9	18.9	1787.2	14.7	1825.3	16.1
4	1769.6	23.7	1758.7	14.5	1802.5	12.7
5	1750.7	15	1806.9	11.9	1769.8	16.9
6	1751.5	15.4	1763.2	15.6	1789.9	12.1
7	1747.6	11.4	1795.6	15.6	1808.6	10.7
8	1753.8	11.5	1827.2	10.3	1826	14.1
9	1795	12.3	1769.3	17	1762.2	15
10	1752.7	13.1	1762.9	16.5	1771.6	14.2

　　图 5.11 是获得不同情况的中间误差的密度函数,表 5.9 是中间误差的计算结果。从中可以看出,所获得的中间误差分布密度并不对称,传统方法所得结果与分布密度的均值接近,从最大似然的观点,取最大密度对应的中间误差作为其

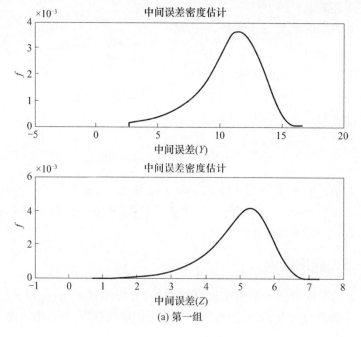

(a) 第一组

156

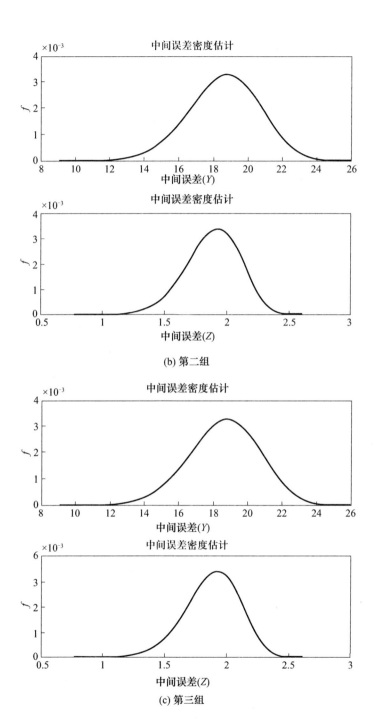

(b) 第二组

(c) 第三组

157

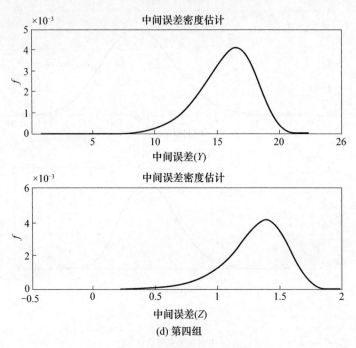

(d) 第四组

图 5.11 中间误差分布密度

表 5.9 中间误差估计结果表

中间误差		第一组		第二组		第三组		三组综合	
		Y	Z	Y	Z	Y	Z	Y	Z
传统方法		10.2186	4.9849	18.7423	1.8989	15.9090	1.3183	15.3709	3.1724
本书方法	max	11.5120	5.3033	18.7850	1.9207	16.5079	1.3916	15.0514	2.6505
	mean	10.7474	4.9266	18.6173	1.8843	15.7440	1.3080	14.7343	2.5573
max 是指最大密度对应的中间误差, mean 是指中间误差密度函数的均值									

点估计值更加合理。对于其区间估计,可以根据区间估计的定义,从分布密度函数直接得到。

5.4.6 推广应用

中间误差评估方法可以推广应用到散布密集界的评定。对于立靶精度,它包括高低散布密集界 C_y 和方向散布密集界 C_z。散布密集界主要用于步机枪点射精度。

158

散布密集界 C 的定义如下:包含全部弹着点的 70% 且沿某一散布轴线成对称的散布界限称为散布密集界。因此,又称为 70% 密集界。从定义中可以看出,散布轴线是通过散布密集界中央的,且散布轴线两侧各包含 35% 的弹着点。

散布密集界 C 与标准差 σ 之间的关系可由标准正态变量概率积分函数推导得出,为 $C = 2.0729\sigma$。

如果是通过总体样本求射弹散布密集界,则由下述估计计算公式求之:

$$\hat{C} = 2.0729 \sqrt{\frac{\sum_{i=1}^{n}(X_i - \overline{X})^2}{n-1}} \tag{5.72}$$

只要在计算过程中,将中间误差的计算采用散布密集界的计算即可。

5.5 R_{100} 和 R_{50} 评估方法

5.5.1 基于样本自助的评估方法

设弹着点坐标 (Y_i, Z_i), $i = 1, 2, \cdots, n$ 为 i.i.d 子样,则各弹着点与散布中心距离 S_i 为

$$\begin{cases} S_i = \sqrt{(Z_i - \overline{Z})^2 + (Y_i - \overline{Y})^2} \\ \overline{Z} = \frac{1}{n}\sum_{i=1}^{n} Z_i, \overline{Y} = \frac{1}{n}\sum_{i=1}^{n} Y_i \end{cases} \tag{5.73}$$

假设 $S_i \sim F(s)$, m 为总体分布的中位数,由 S_i 作抽样分布函数 F_n, $\hat{m}$ 为 m 的估计。记

$$T_n = \hat{m}(F_n) - m(F) \tag{5.74}$$

从 F_n 中重新抽样,获得再生样本 $S^* = (S_1^*, S_2^*, \cdots, S_n^*)$,通过 S^* 作抽样分布,记作 F_n^*。由 S^* 又可以得到总体中位数 m 的估计 $\hat{m}(F_n^*)$,记

$$R_n^* = \hat{m}(F_n^*) - \hat{m}(F_n) \tag{5.75}$$

R_n^* 为 T_n 的自助统计量,以 R_n^* 的分布近似 T_n 的分布,这就是自助方法的核心思想。通过重复抽样,可以产生多组再生子样 $S^{*(j)} = (S_1^{*(j)}, S_2^{*(j)}, \cdots, S_n^{*(j)})$, $j = 1, 2, \cdots, N$。

由每个 $S^{*(j)}$ 可以得到相应的 $R_n^{*(j)}$,即

$$R_n^{*(j)} = \hat{m}(F_n^{*(j)}) - \hat{m}(F_n) \tag{5.76}$$

于是可以得到 $m(F)$ 的近似值

$$m^{(j)}(F) = \hat{m}(F_n) - T_n \cong \hat{m}(F_n) - R_n^{*(j)} \tag{5.77}$$

这样可以得到 m 的 N 个可能取值,为了对中位数进行统计推断,最全面的信息就是获得中位数的分布密度函数。

采用 5.3.2 节的方法可以得到 R_{50}、R_{100} 的概率分布密度和相应的估计值。

5.5.2　应用实例

表 5.10 为某枪弹立靶坐标的测试结果,需要估计以平均弹着点为圆心包含 50% 弹着点所对应的半径(R_{50}),传统方法是采用作图法,首先确定平均弹着点位置,然后在靶纸上画圆,找到对应的半径就是 R_{50},该方法简单易行,现场操作方便,但未充分考虑弹着点坐标所提供的信息。

表 5.10　某枪弹立靶坐标测试结果

Y/cm	−11.66	10.78	10.38	11.84	10.18	−11.24	−10.32	−11.50	−11.85	11.18
Z/cm	6.3	−2.6	1.84	3.82	−0.64	−5.14	1.34	−1.85	−1.28	4.02
Y/cm	−10.73	−11.84	−10.96	−11.85	−12.94	10.92	11.94	−12.16	12.10	10.80
Z/cm	2.42	−1.48	4.96	5.90	4.40	−5.56	1.68	−18.5	−4.88	−4.52

当弹着点在高低和方向上相互独立,服从正态分布,且 $\sigma_y = \sigma_z$ 时,$f(r)$ 服从瑞利分布

$$f(r) = \frac{r}{\sigma^2} e^{-\frac{r^2}{2\sigma^2}}, \quad r \geq 0 \tag{5.78}$$

式中:r 为弹着点与散布中心的距离;$f(r)$ 为 r 的概率分布密度。

当弹着点服从正态分布时,$f(r)$ 表示为式(5.78);当不知道落点散布的分布,无法得到 $f(r)$ 的表达式。除了式(5.78)可以得到中位数的解析解外,根据密度函数计算 R_{50} 是很困难的。

$$f(r) = \frac{1}{2\pi\sigma_y\sigma_z\sqrt{1-\rho^2}} \int_0^{2\pi} \exp\left\{ -\frac{r^2}{2(1-\rho^2)}\left[\frac{\cos^2\theta}{\sigma_y^2} - \frac{2\rho\sin\theta\cos\theta}{\sigma_y\sigma_z} + \frac{\sin^2\theta}{\sigma_z^2} \right] \right\} d\theta$$

$$\tag{5.79}$$

由表 5.10 的数据,利用式(5.73)计算弹着点与平均弹着点距离,运用 Bootstrap 方法获得 100000 个自助样本,根据式(5.77)计算得到 100000 个自助样本的中位数,图 5.12 为再生样本中位数直方图,从中可以看出,该中位数分布大致为双峰曲线,这也说明了实际中位数分布的复杂性。采用正态(Gauss)核,计算窗宽为 $h = 0.3895$。

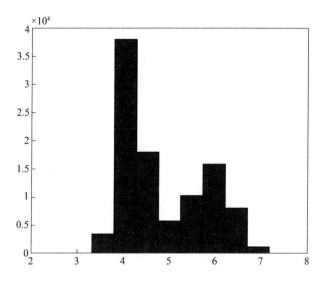

图 5.12　再生样本中位数直方图

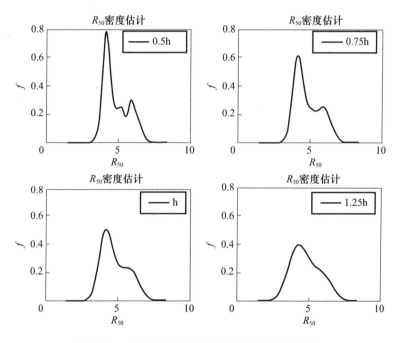

图 5.13　不同窗宽得到的 R_{50} 分布密度数直方图

参 考 文 献

[1] 范金城, 吴可法. 统计推断导引[M]. 北京:科学出版社, 2001.

[2] 韦来生. 贝叶斯分析[M]. 合肥:中国科学技术大学出版社, 2013.

[3] 武小悦, 刘琦. 装备试验与评价[M]. 北京:国防工业出版社, 2008.

[4] 茆诗松. 贝叶斯统计[M]. 北京:中国统计出版社, 1999.

[5] 唐雪梅. 武器装备综合试验与评估[M]. 北京:国防工业出版社, 2013.

[6] 金振中, 李晓斌. 战术导弹试验设计[M]. 北京:国防工业出版社, 2013.

[7] 郭齐胜, 罗小明, 潘高田. 武器装备试验理论与检验方法[M]. 北京:国防工业出版社, 2013.

[8] 陈家鼎. 数理统计学讲义 [M]. 3 版. 北京:高等教育出版社, 2015.

[9] 茆诗松, 王静龙, 濮晓龙. 高等数理统计 [M]. 2 版. 北京:高等教育出版社, 2006.

[10] 喻春明. 战时装甲装备维修理论中若干关键问题的研究[D]. 沈阳:东北大学, 2008.

[11] 伯杰, Berger, 贾乃光. 统计决策论及贝叶斯分析 [M]. 2 版. 北京:中国统计出版社, 1998.

[12] 唐雪梅. 武器装备小子样试验分析与评估[M]. 北京:国防工业出版社, 2001.

[13] 王国玉. 电子系统小子样试验理论方法[M]. 北京:国防工业出版社, 2003.

[14] 蔡洪, 张士峰, 张金槐. Bayes 试验分析与评估[M]. 长沙:国防科技大学出版社, 2004.

[15] 茆诗松. 统计手册[M]. 北京:科学出版社, 2003.

[16] Samuel Kotz, 吴喜之. 现代贝叶斯统计学[M]. 北京:中国统计出版社, 2000.

[17] 张士峰, 宫二玲. 考虑可信度时导弹最大射程的 Bayes 评估[J]. 长沙:国防科技大学学报, 1999 (4):17 - 21.

[18] 魏惠之. 弹丸设计理论[M]. 北京:国防工业出版社, 1985.

[19] 郭锡福. 底部排气弹外弹道学[M]. 北京:国防工业出版社, 1995.

[20] 赵文宣. 终点弹道学[M]. 北京:兵器工业出版社, 1989.

[21] 官汉章, 邹瑞荣. 实验内弹道学[M]. 北京:兵器工业出版社, 1997.

[22] E. B. 丘尔巴诺夫. 挤进时期内弹道学与挤进压力计算[M]. 北京:机械工业出版社, 1997.

[23] 张金槐, 唐雪梅. Bayes 方法[M]. 长沙:国防科技大学出版社, 1993.

[24] 张士峰. 多源验前信息的融合方法[J]. 飞行器测控学报, 2000, 19(1):26 - 30.

[25] 张金槐, 蔡洪. Bayes 小子样理论的应用研究——回顾与展望[J]. 飞行器测控学报, 1998(1): 1 - 4.

[26] 张金槐. 特小子样场合下, Bayes 方法与仿真在飞行器试验分析中的运用[J]. 系统仿真学报, 1996 (a00):50 - 58.

[27] 潘吉安. 可靠性维修性可用性评估手册[M]. 北京:国防工业出版社, 1995.

[28] 张士峰, 蔡洪. Bayes 分析中的多源信息融合问题[J]. 系统仿真学报, 2000, 12(1):54 - 57.

[29] 查亚兵. 导弹系统仿真可信性研究[D]. 长沙:国防科学技术大学, 1995.

[30] S. 伯恩斯坦, R. 伯恩斯坦. 统计学原理(上册)——描述性统计学与概率[M]. 史道济, 译. 北京:

科学出版社, 2002.

[31] 董聪. 现代结构系统可靠性理论及其应用[M]. 北京:科学出版社, 2001.

[32] 张金槐. 远程火箭精度分析与评估[M]. 长沙:国防科技大学出版社, 1995.

[33] 张尧庭, 陈汉峰. 贝叶斯统计推断[M]. 北京:科学出版社, 1991.

[34] 张尧庭, 方开泰. 多元统计分析引论[M]. 武汉:武汉大学出版社, 2013.

[35] 林士敏, 王双成. Bayesian 方法的计算学习机制和问题求解[J]. 清华大学学报(自然科学版), 2000, 40(9):61 – 64.

[36] 林成森. 数值计算方法 [M]. 北京:科学出版社, 1998.

[37] 潘承伴. 武器系统射击效力原理. 北京:国防工业出版社, 1985.

[38] 吴云龙. 自行高炮武器系统精度参数理论[M]. 北京:国防工业出版社, 1999.

[39] 蔡洪. 再入弹道参数自适应估计[J]. 国防科技大学学报, 1996(3):29 – 34.

[40] 蔡洪. 噪声统计的 Bayes 极大验后估计与系统自适滤波[J]. 国防科技大学学报, 1997(1):5 – 8.

[41] 蔡洪, 张金槐. 导弹飞行试验多站测量定轨的自适应滤波方法[J]. 航天控制, 1997(2):17 – 22.

[42] 黄闪闪. 科学哲学视野下的贝叶斯方法[D]. 天津:南开大学, 2013.

[43] 牛君. 基于非参数密度估计点样本分析建模的应用研究[D]. 济南:山东大学, 2007.

[44] 袁普及. 基于成组技术的质量控制的研究——SPC 在多品种小批量制造中的应用[D]. 南京:南京航空航天大学, 2003.

[45] 郁浩, 韩东, 马力, 等. 基于中位数分布密度的武器系统精度评定方法[J]. 兵工学报, 2010, 31(1):54 – 57.

[46] 郁浩, 李庆华, 蒲利森, 等. 基于中间误差分布密度的武器弹药密集度评定方法[C]//中国数学会均匀设计分会学术研讨会暨 2009 西安应用统计学术研讨会. 2009.

[47] 郁浩, 李庆华, 李纪敏. 步兵榴弹环境适应性试验与评估方法[J]. 弹道学报, 2011(4):105 – 110.

[48] 都业宏, 郁浩, 李国富, 等. 基于云模型的射击精度合格率及可靠性评估方法[J]. 弹道学报, 2013, 25(3):44 – 49.

[49] 吴喜之, 赵博娟. 非参数统计[M]. 北京:中国统计出版社, 2013.

[50] Yu H, Wang X T, Li X, etc. Experimental Researcn on Influence of Some Factors on Ejection Helght of Cargo Projectile[J]. Journal of China Ordnance, 2012, 8(1):16 – 20.